FLORES

PARTIELLES DE LA FRANCE

COMPARÉES,

PAR AL. BAUTIER, D. M. P.

Auteur du Tableau analytique de la FLORE PARISIENNE.

TOME SECOND.

PARIS :

Chez P. ASSELIN, Libraire de la Faculté de Médecine,

Place de l'École de Médecine.

1868.

SECONDE PARTIE.

CATALOGUE DES LOCALITÉS

ET DES ESPÈCES NOTABLES QUI Y ONT ÉTÉ TROUVÉES.

A

Abbatesco (torrent d') (Corse) : **767, 2634.**

Abbeville (Somme) : 722, **1600, 1606, 2496, 3929, 4020,** 4242.

Abeillas près de Bagnols-sur-Mer : 132.

Abriès au sommet de la vallée du Quayras : **1738, 1900, 2207.**

Abriès (col de la Croix près d') : **4142, 4143.**

Adon (Loiret) : 2750.

Adour (cataractes de l') : **1756.**

Afrique (mont) près de Dijon : 129, 2978.

Agde : **640, 694, 840, 1324,** 1476, **1744. 1861, 2023,** 2126, 2149, 2588, 2604, 2617, **2656,** 2865, 2887, 2891, 3024, 3025, 3067, **3148,** 3688, 3765, 3837, 3890, 3916, 3962, **3963, 3979, 3981, 3999, 4014, 4019,** 4109, **4171, 4188, 4189, 4195, 4210.**

Agde à l'embouchure de l'Hérault : **1014.**

Agde (d') à Aigues-Mortes : **3014.**

Agde (de Toulouse à) : **3657.**

Agde (entre) et Béziers : **4277.**

Agde (près d') : 4283.

Agen : **110, 119, 375, 376, 385, 499, 658, 699, 716, 950, 1033, 1048, 1089, 1112, 1121, 1123, 1421, 1484,** 1592, 1593, 1668, **1720, 1746, 1752, 1774, 1777, 1792, 1810, 1914, 1931, 1964, 1986, 2088,** 2090, 2120, **2161,** 2170, 2173, 2207, 2229, 2231, 2434, **2465,** 2503, 2575, 2595, 2618, 2675, 2687, **2922,** 3079, 3084, 3147, 3213, 3226, 3280, **3397, 3545, 3551,** 3555, 3557, 3580, 3581, **3594,** 3597, **3634,** 3651, 3653, 3790, 3869, **3913,** 3923, 3947, 4033, 4077, 4170.

Agen : Boussé, Durance, vallon du pont du Cassé, Naux, rives du Touch, 3625.

Agen (bords de la Garonne jusqu'à) : **3314.**

Agen (centre de la France jusqu'à) et Montauban : **2470.**

Agen (Condat près d') : **2150.**

Agen (environs d') : **3550, 3551.**

Agen (graviers de l'Ariège et de la Garonne près Toulouse et) : **2897.**

Agen (vallées de la Garonne, etc., jusqu'à) : **2144.**

Agenais : **117, 4048.**

Aglan (bois d'), près de Besançon : **4291.**

Agnel (col) : **1020, 1127, 3725.**

Agnel (val d') : **2101.**

Agniel (col) : **1846.**

Ahun (Creuse) : **46, 218, 357, 1600, 1620, 1844, 2687,** 2697, **2698, 2702, 2704, 2705,** 2793, 3776, 3795, 3829, **3831, 3892.**

Ahun (près) (Creuse) : **2689.**

Aiglun : **3305.**

Aigual (mont) (Lozère) : **2378.**

Aigual (sommet de l') près de l'Espérou : 954.

Aigueclüse : **1433, 1434, 2548.**

Aigueperse (Bussières près d') (Puy-de-Dôme) : **417.**

Aigues-Mortes : **1, 201, 308, 313, 840, 1324, 1325, 1744, 1835, 1855, 1861, 1895,** 1897, **1926,** 1935, **1974, 1979,** 1981, **2093,** 2203, 2579, **2588, 2608, 2732, 2733, 2834,** 2865, **3018, 3058, 3067, 3121, 3148, 3225, 3244,** 3365, **3508, 3512, 3525, 3765, 3788, 3890,** 3917, **3958, 3962, 3963, 3990. 4002, 4013, 4019, 4061, 4071, 4107. 4109, 4112, 4191, 4194, 4195, 4201, 4210.**

Aigues-Mortes (d') à Agde : **3014.**

Aiguille (mont) près de Grenoble : **1524,** 1567, 1636, 2140, 2394, 4035.

Aiguillon-sur-Mer : **3996.**

Aiguilons (pic d') : **4142.**

Ain : **1055, 1595, 1741,** 1750, **2189, 3041.**

Ain (mont d') : **212.**

Aix : **106, 109, 148, 151, 153, 198, 205, 246, 247, 330, 359, 385, 392, 393, 396, 403, 539, 556, 599, 645. 655, 658, 813, 827, 859, 860, 900, 909, 946, 972, 1042, 1127, 1128, 1131, 1135, 1301, 1344, 1475, 1572, 1577, 1579, 1585, 1722, 1732, 1755, 1763, 1764, 1782, 1841, 1906, 1938, 1968, 1973, 2021, 2025, 2072, 2113, 2131, 2132, 2139, 2144, 2149, 2150, 2159, 2161, 2189,**

2199, 2207, 2216, 2433, 2576, 2609, 2623, 2646, 2672, 2680, 2685, 2752, 2802, 2837, 2870, 2891, 2893, 2969, 2970, 2971, 2992, 3002, 3020, 3024, 3032, 3225, 3261, 3559, 3818, 3845, 3869, 3955, 3958, 3998, 3999, 4000, 4104, 4157, 4183, 4206.
AIX (d') à Gap : 3234.
AIX (île d') : 3952.
AIX-LES-BAINS : 268*.
AIZENAY (forêt d') (Vendée) : 80.
AJACCIO : 77, 78, 79, 82, 84, 90, 91, 151, 199, 202, 377, 380, 393, 404, 483, 487, 499, 510, 636, 675, 715, 718, 795, 796, 810, 834, 876, 892, 895, 927, 933, 947, 989, 1077, 1081, 1105, 1106, 1328, 1376, 1466, 1470, 1553, 1554, 1667, 1740, 1763, 1765, 1775, 1802, 1817, 1838, 1839, 1852, 1853, 1855, 1858, 1880, 1917, 1918, 1926, 1948, 1976, 1988, 2010, 2117, 2165, 2257, 2260, 2372, 2373, 2389, 2422, 2427, 2544, 2545, 2578, 2593, 2621, 2623, 2625, 2634, 2719, 2733, 2748, 2849, 2869, 2958, 2963, 2971, 2987, 3002, 3003, 3018, 3028, 3032, 3047, 3063, 3066, 3220, 3225, 3238, 3257, 3259, 3283, 3427, 3454, 3483, 3513, 3514, 3517, 3520, 3523, 3543, 3548, 3597, 3600, 3604, 3605, 3609, 3702, 3728, 3741, 3761, 3794, 3837, 3846, 3869, 3890, 3891, 3904, 3908, 3909, 3960, 3979, 3987, 3990, 3995, 3998, 4004, 4013, 4016, 4019, 4051, 4061, 4096, 4098, 4103, 4110, 4111, 4114, 4121, 4122, 4126, 4131, 4206, 4210, 4218, 4221, 4226, 4230, 4235, 4250, 4265, 4285.
AJACCIO (chapelle grecque) : 759.
AJACCIO (entre) et Bocognano : 3779.
AJACCIO (environs d') : 1406.
ALAIS (Gard) : 224, 384, 458, 829, 1345, 1544, 1595, 1697, 1700, 1855, 1906, 1908, 1931, 1964, 1968, 1983, 2015, 2071, 2079, 2093, 2113, 2116, 2120, 2128, 2132, 2139, 2159, 2264, 2427, 2595, 2607, 2891, 2922, 2970, 2971, 2983, 3023, 3233, 3241, 3261, 3510, 3855, 3871, 3923, 3958, 3989, 4060, 4096.
ALBANIÈRE (montagnes d') (Hautes-Pyrénées) : 524.
ALBÈRES (les) (Pyrénées-Orientales) : 822, 2327, 3559.
ALBI : 164, 166, 973, 1011, 2207, 2595, 3537, 3600.
ALENÇON : 156, 161, 357, 403, 411, 451, 641, 678, 891, 1103, 1191, 1311, 1358, 1373, 1392, 1600, 1770, 2086, 2370, 2421, 2542, 2558, 3468, 3802, 3848, 3882, 3889, 4214.
ALENÇON (forêt d') : 3886.
ALENÇON (provinces méridionales et occidentales jusqu'au Mans et à) : 1124.
ALÉRIA (Corse) : 479, 849, 872, 895, 1065, 1105, 1106, 1476, 1927, 3032, 3248, 3762, 3915, 3979.
ALEZON (Vigan) : 1490, 2870. *V.* Alzon.
ALGAJOLA : 1925.
ALLAGNON (sources de l') : 3773.
ALLEMONT près de Grenoble : 1436.
ALLEMONT près de la Mine-d'Argent : 466.
ALLEVARD : 32, 523, 1485, 1660, 2287, 2343, 2458, 2480, 2814, 2831, 3075.
ALLIER : 563, 793, 883, 1155, 1602, 1717, 1815, 2370, 2448, 2488, 2677, 2755, 2756, 3228, 3281, 3383, 3409, 3615, 3920.
ALLIER : Gannat, Saint-Pourçain, 1830.
ALLIER (Bas-) : 3655.
ALLIER (bords de l') : 1673, 3111, 3937.
ALLIER (bords de l') à Chignat (Puy-de-Dôme) : 1814.
ALLIER (bords de l') près Clermont : 50, 188.
ALLIER (bords de l') : Vichy, Moulins, 2109.
ALLIER (rives de l') : 800.
ALLIER (sources de l') : 3722.
ALLIER (vallées de l') : 1974, 2160, 2367, 2717, 4276.
ALLOGNY (Cher) : 3913.
ALLOGNY (forêt d') (Cher) : 3891.
ALLOS (Basses-Alpes) : 101, 1567, 1910, 2607.
ALLOS (lac d') : 3850.
ALPES : 26, 56, 61, 72, 76, 80, 99, 121, 125, 126, 251, 400, 409, 411, 434, 450, 564, 572, 574, 600, 655, 779, 1152, 1154, 1156, 1159, 1163, 1183, 1184, 1194, 1240, 1242, 1250, 1259, 1261, 1269, 1270, 1278, 1280, 1284, 1349, 1362, 1367, 1370, 1377, 1378, 1388, 1400, 1401, 1408, 1412, 1413, 1417, 1419, 1420, 1439, 1445, 1457, 1499, 1658, 1668, 1747, 1758, 1784, 1796, 2176, 2202, 2240, 2249, 2274, 2278, 2280, 2318, 2342, 2396, 2397, 2416, 2423, 2424, 2425, 2430, 2448, 2450, 2454, 2470, 2471, 2484, 2492, 2500, 2507, 2546, 2551, 2554, 2557, 2560, 2564, 2565, 2717, 2718, 2745, 2746, 2761, 2767, 2771, 2772, 2773, 2774, 2791, 2792, 2797, 2805, 2813, 2818, 2830, 2843, 2875, 3102, 3146, 3150, 3156, 3200, 3202, 3210, 3306, 3314, 3328, 3360, 3369, 3393, 3395, 3452, 3473, 3477, 3493, 3495, 3578, 3583, 3586, 3587, 3637, 3639, 3640, 3641, 3642, 3643, 3661, 3669, 3705, 3722, 3737, 3752, 3754, 3771, 3797, 4063, 4065, 4085, 4135, 4233, 4237, 4244, 4249, 4254, 4264, 4269, 4286, 4287, 4289, 4291.
ALPES : Allemont et Sept-Laus près de Grenoble, 1436.
ALPES : Allevard, Aut-du-Pont, Grande-Chartreuse, au Collet, à la Grande-Vache, etc., 2831.
ALPES : Allevard, Col-des-Haies près Briançon, Revel, Taillefer, 1660.

Alpes : au Mont-de-Lans, plateau de Piemeyan, la Grave sous les glaciers, 63.
Alpes : Barcelonnette, Grande-Chartreuse, Lautaret, 124.
Alpes (Basses-) : 1495, 1588.
Alpes (Basses-) : Annot, 2092.
Alpes (Basses-) : Digne, Castellane, 4104.
Alpes (Basses-) : Digne et Seyne, 1947.
Alpes (Basses-) : mont Péla, 1448.
Alpes : Castellane, Grenoble, Sisteron, mont Ventoux, 578.
Alpes : Chamechaude, Guillestre, Lautaret, mont Rachet, 3301.
Alpes : Chamechaude, la Moucherolle, mont Viso, 435.
Alpes : Chamechaude, Saint-Nizier près de Grenoble, 3922.
Alpes : col de l'Arche près Grenoble, Lautaret, Revel, Galibier, mont Viso, 3807,
Alpes : col de Vars, 3842.
Alpes : Dauphiné, Combe-de-Lancey, Revel près de Grenoble, 3835.
Alpes de Barcelonnette. *V.* Barcelonnette (Alpes de).
Alpes de la Madeleine. *V.* Madeleine (Alpes de la).
Alpes de Provence. *V.* Provence (Alpes de).
Alpes de Provence (Hautes-). *V.* Provence (Hautes-Alpes de).
Alpes de Savoie. *V.* Savoie (Alpes de).
Alpes du Dauphiné. *V.* Dauphiné (Alpes du).
Alpes du Dauphiné (Hautes-). *V.* Dauphiné (Hautes-Alpes du).
Alpes entre Grenoble et Chambéry? 2825.
Alpes et plaines sèches du Midi : 1682.
Alpes et Pyrénées : 66, 575, 579, 1661, 2445, 3409.
Alpes et Pyrénées : un peu au-dessous de la limite des neiges, 1440.
Alpes : Gap, 652.
Alpes : Gap, Grenoble, 128.
Alpes : Grande-Chartreuse, Uriage, 4288.
Alpes (Hautes-) : 1698, 2201, 2246, 3330, 3774, 3985.
Alpes (Hautes-) : Belledone, col de l'Arc et Revel près de Grenoble, mont Aurouse, Lautaret, glaciers du Bec, mont Pela, Barcelonnette, Orcières, 1173.
Alpes (Hautes-) : Briançon, Galibier, mont Genèvre, mont Viso, col de Vars, col de l'Echauda, vallée de l'Arche, mont Monnier, Gap, 3931.
Alpes (Hautes-) : Briançon, Vallouise, 3971.
Alpes (Hautes-) : Briançon, Villars-d'Arène, vallée du Quayras, le Mélezet sous le col de Vars et le long des vallées de l'Ubaye et de l'Arche, 1142.
Alpes (Hautes-) : col de Vars, mont Viso, mont Monnier, Lautaret, 2548.
Alpes (Hautes-) : Chaillot-le-Vieil, Embrun, Galibier, Lautaret, Mont-de-Lans, Briançon, 4134.
Alpes (Hautes-) jusqu'à Mont-Dauphin : 2723.
Alpes (Hautes-) : lac de Cœurs et Chamechaude au-dessus de Grenoble, Lautaret, Rabou près de Gap, Villars-d'Arène, Guillestre, l'Echauda (Vallouise), mont Viso, mont Aurouse, 4137.
Alpes (Hautes-) : la Pra, Revel, Lautaret, Sept-Lans, col de l'Echauda, pied du Mont-Blanc, 4041.
Alpes (Hautes-) : l'Arche, monts Aurouse et Séuze près de Gap, sur Guillestre, col de Vars, 75.
Alpes (Hautes-) : Lautaret, col de l'Arche, mont Viso, 2398.
Alpes (Hautes-) : le Grandson (Grande-Chartreuse), Bourg-d'Oysans, 1707.
Alpes (Hautes-) : mont Séuse près de Gap, 2847.
Alpes (Hautes-) : mont Viso, la Bérarde, Lautaret, Revel près de Grenoble, glaciers de Valgaudemar, Champsaur, Oysans, 3353.
Alpes (Hautes-) : ruisseau du Galibier, Lautaret, Valgaudemar, mont Viso, 3329.
Alpes (Hautes-) : Saint-Nizier près de Grenoble, la Moucherolle, la Grave, la Bérarde, Villars-d'Arène, Mt Séuse, Seyne, Digne, vallée de l'Arche, 3973.
Alpes (Hautes-) : Taillefer, Combe-de-la-Lance, Belledone et Revel près de Grenoble, Villars-d'Arène, sous les glaciers du Bec, 2444.
Alpes jusqu'à Digne : 3217.
Alpes jusqu'à la Bérarde : 3919.
Alpes : Lautaret, 2447, 2756, 3189.
Alpes : Lautaret, Revel près de Grenoble, 3350.
Alpes : le Champsaur, Grande-Chartreuse, l'Oysans, Prémol près de Grenoble, 1414.
Alpes : le Champsaur, Lautaret, Rabou près de Gap, Saint-Nizier, 3186.
Alpes : les Baux, Chaudin et mont Séuze près de Gap, mont Genèvre, Grande-Chartreuse, Lautaret, etc., 2279.
Alpes (les) jusqu'au delà de Gap : 1781.
Alpes (le long des cours d'eau remontant dans les) et les Pyrénées : 3128.
Alpes-Maritimes : 2723.
Alpes : mont Aurouse, Gap, la Bérarde, Larche, 4082.
Alpes : mont Genèvre, 1665.
Alpes : mont Rachet près de Grenoble, 771.
Alpes : mont Viso au col de la Traversette, Villars-d'Arène aux glaciers du

Bec, fond du Valgaudemar, l'Argentière, Sept-Laus, 1459.
Alpes : Quayras, col d'Isoard, 2451.
Alpes : Rabou près Gap, 36.
Alpes (région alpine et subalpine des) du Jura et des Pyrénées : 2562.
Alpes (remonte les) jusqu'à Gap : 3615.
Alpes : Revel près de Grenoble, Briançon, le Glandas, Lautaret, 2456.
Alpes : Roche-des-Arnauds près Gap, 3545.
Alpes : rochers de la Traversette, mont Viso, 1348.
Alpes : Saint-Nizier près de Grenoble, Lautaret, mont Aurouse près de Gap, mont Viso, vallée de l'Arche, 3984.
Alpes : Sept-Lans, Piemeyan, Galibier et Lautaret, Villars-d'Arène, Mt Viso, 1262.
Alpes (sommets des) : toute la chaîne de Grenoble au Sept-Laus, Lautaret, mont Viso, etc., 1165.
Alpes : vallée de l'Arche jusqu'au lac du Lauzaunier, 257.
Alpes (vallée des) : 3300.
Alpes (vallée des) jusqu'à Gap et Grenoble : 3785.
Alpes (vallées des) et des Pyrénées : fort Saral, 3212.
Alpes (vallées des) et des Pyrénées-Orientales : 4192.
Alpes (vallées des Hautes-) : Gap, etc., 3213.
Alpes : vallée du Lauzonnier, 4039.
Alpes : vallées du Guillestre et du Quayras, 3467.
Alpes : Vallouise, 2865.
Alpes : Villars-d'Arène, 1162, 1163.
Alpine (région) : 2557.
Alpines (les) (Gard) : 2972, 3252.
Alpines (les) près de Saint-Remy : 1135.
Alsace : 18, 28, 31, 38, 39, 240, 342, 370, 405, 451, 458, 459, 501, 554, 571, 650, 658, 768, 969, 1029, 1112, 1151, 1196, 1218, 1227, 1230, 1275, 1358, 1362, 1587, 1646, 1663, 1677, 1777, 1784, 1830, 1914, 2170, 2173, 2214, 2231, 2257, 2503, 2564, 2779, 2832, 2840, 3111, 3145, 3211, 3281, 3409, 3416, 3434, 3440, 3445, 3487, 3488, 3495, 3546, 3579, 3580, 3585, 3593, 3615, 3617, 3639, 3640, 3642, 3655, 3705, 3753, 4084, 4169, 4212.
Alsace : à la Ganzau dans les bois d'Illkirch près de Strasbourg, collines de Dorlisheim, Barr, Ingersheim, Sigolsheim, 2267.
Alsace : Andlau, 1374.
Alsace : Bande-la-Roche et près Sarrebourg, 102.
Alsace : Barr, Bergheim, Ribeauvillé, Rouffach, 1056.
Alsace (Basse-) : Ramberviller (à 300 mètres d'élévation), Haguenau, 2426.
Alsace : Belfort, Benfeld, Berghen, 701.
Alsace : Benfeld (Bas-Rhin), 426.
Alsace : Benfeld, Colmar, Strasbourg, 425, 2563.
Alsace : Benfeld, Herbsheim, Rostfeld, 3540.
Alsace : Benfeld, Strasbourg, 429.
Alsace : Benfeld, Winsenheim, Herbsheim, Ingersheim, Wettolsheim, 1960.
Alsace : Bischwiller, Haguenau, Strasbourg, 1984.
Alsace : Bitche, Haguenau, Nancy, 2351.
Alsace : Bitche, Strasbourg, etc., 2553.
Alsace : Bords du Rhin, 3207, 3313.
Alsace : Bords du Rhin à Strasbourg, Colmar, Rouffach, Mulhouse, Huningue, 2109.
Alsace : Bouxveiller, Colmar, Strasbourg, 1180.
Alsace : Bouxveiller, Rouffach, 2954.
Alsace : Cernay, Colmar, 154.
Alsace : Colmar, 165, 1169, 1197, 1198, 1250, 1798.
Alsace : Colmar, Haguenau, Strasbourg, etc., 428.
Alsace : Colmar, Kaisersberg, val d'Orbey, Ostheim, 276.
Alsace : Colmar, Mulhouse, 1181.
Alsace : Colmar, Mulhouse, Guebwiller, 1304.
Alsace : Colmar, Schlestadt, Mulhouse, Rouffach, 1508.
Alsace : Colmar, Schlestadt, Ostheim, Guémar, Novéant et Corny près de Metz, 2943.
Alsace et Lorraine : Bitche, Haspelscheidt, Reverswiller, Sturzelbronn, Zinswiller, 3704.
Alsace et Lorraine : Haguenau, Schlestadt, Sarrebourg, Bruyères, 3775.
Alsace et Lorraine : Nancy, Metz, etc., 1654.
Alsace : Fribourg (Meurthe), 3321.
Alsace (frontières de l') : 3665.
Alsace : Guebwiller, 2690.
Alsace : Guebwiller, Colmar, Mutzig, Vasselonne, 1947.
Alsace : Guebwiller, Haguenau, Strasbourg, 1614.
Alsace : Guebwiller et Westhalten près de Rouffach, 1881.
Alsace : Guebwiller, Kastelwald, Rouffach, 1602.
Alsace : Haguenau, 42, 427, 1290, 3276, 3592.
Alsace : Haguenau, bords du Rhin, 3343.
Alsace : Haguenau, Colmar, etc., 3433.

ALSACE : Haguenau, Huningue, Strasbourg, 1827.
ALSACE : Haguenau, Strasbourg, Benfeld, 1974.
ALSACE : Haguenau, Strasbourg, Colmar, Rouffach, 1774.
ALSACE : Mutzig, château de Ramstein, Ingersheim, Turkeim, Rouffach, Soulzmatt, 4100.
ALSACE : Neuviller, 1232.
ALSACE : Niederbronn, Haguenau, Rosheim, Mutzig, Colmar, Rouffach, 3920.
ALSACE : Niederbronn, Haguenau, Strasbourg, 1606.
ALSACE : Ostheim, Ottmarsheim, 2012.
ALSACE : Ostwald, Benfeld, etc., 1503.
ALSACE où elle descend jusque dans la plaine : 323.
ALSACE (plaines d') au Hardt et au Kastelwald : 1194.
ALSACE près Neufbrissac : 40.
ALSACE : région rhénane, 1099.
ALSACE : Rouffach, 1000.
ALSACE : Rouffach, Ingersheim, Rothweil, 1932.
ALSACE : Rouffach, Mulhouse, Cernay, 3426.
ALSACE : Stattmat, Hangenbiethen, etc., 772.
ALSACE : Strasbourg, 1195, 1864.
ALSACE : Strasbourg, Belfort, 3675.
ALSACE : Strasbourg, Colmar, 2272, 2755.
ALSACE : Strasbourg, Colmar, Herlisheim, Siegolsheim, etc., 2046.
ALSACE : Strasbourg, Haguenau, etc., 3715.
ALSACE : Thann, 2876.
ALSACE : Turkheim, Ingersheim, Ruffach, Westhalten, 1815.
ALSACE : Winsenheim, Castelwald, 1969.
ALTEMBOURG (bruyères) près de Lidzelstein : 546.
ALTOS (lac d') (Basses-Alpes) : 58.
ALZON (Gard) : 597, 1909, 2132, 2488.
AMBOISE (forêt d') (Loir-et-Cher) : 344.
AMBOUILLA : 2264.
AMENUCOURT près la Roche-Guyon : 2613.
AMIENS : 166, 3801.
AMIENS (provinces méridionales, centrales et occidentales de la France jusqu'à) : 1574.
AMPUIS (vallée du Rhône jusqu'à) près de Vienne : 2915.
AMSUR (Pyrénées) : 1414, 1426, 1430, 1435, 1436, 1441, 1703.
AMSUR (étang d') : 1433.
ANAS (Pyrénées) : 43.
ANCENIS (Loire-Inférieure) : 344, 357, 1103, 1508, 1815, 2370, 3437, 3541, 3915.
ANCY-SUR-MOSELLE (côte d') au-dessus de Gorze : 1495.
ANDABRE (Rouergue) : 4170.
ANDELYS (les) (Eure) : 194, 398, 403, 462, 650, 766, 1159, 1373, 1546, 1815, 1873, 2756, 2865, 3581.
ANDELYS : roches Saint-Jacques, 323, 4001.
ANDLAU (Alsace) : 1374.
ANDORRE (Pyrénées) : 1933.
ANDORRE (vallée d') : 260, 1026, 1545, 1844.
ANDRAN (vallon d') sous le Reculet : 1780, 2814.
ANDRIEUX (forêt des) en Valgaudemar : 1371, 4236.
ANDUZE (Gard ; arrondissement d'Alais) : 2, 289, 458, 788, 809, 829, 835, 836, 860, 1219, 1542, 1544, 1577, 1579, 1816, 1852, 1855, 1907, 1908, 1931, 1959, 1968, 1973, 1983, 2015, 2030, 2046, 2062, 2079, 2093, 2113, 2116, 2120, 2128, 2132, 2139, 2144, 2150, 2159, 2264, 2350, 2429, 2491, 2595, 2607, 2609, 2618, 2646, 2680, 2681, 2685, 2725, 2891, 2895, 2922, 2969, 2970, 2971, 2983, 3023, 3129, 3233, 3241, 3261, 3528, 3855, 3871, 3923, 3958, 3979, 4005, 4096, 4221.
ANDUZE (remonte dans les Cévennes jusqu'à) : 3217.
ANÉOU (Pyrénées) : 3482.
ANÉOU (mont) : 1755.
ANET : 1602.
ANGAULIN près de la Rochelle : 2618, 2652, 2951, 3213, 3855.
ANGERS : 25, 46, 47, 53, 86, 105, 161, 218, 228, 344, 376, 403, 448, 612, 640, 641, 642, 658, 870, 903, 1103, 1146, 1152, 1168, 1190, 1191, 1196, 1236, 1243, 1246, 1248, 1297, 1366, 1373, 1379, 1384, 1482, 1553, 1593, 1720, 1770, 1842, 2008, 2046, 2062, 2170, 2173, 2209, 2269, 2370, 2434, 2465, 2467, 2628, 2633, 2687, 2692, 2702, 2704, 2840, 2862, 2881, 2904, 2905, 2943, 2980, 3023, 3079, 3242, 3280, 3394, 3429, 3448, 3468, 3489, 3543, 3544, 3557, 3697, 3776, 3797, 3806, 3882, 3892, 3913, 3915, 3919, 3970, 4010, 4024, 4084, 4098, 4209, 4210, 4211, 4212.
ANGERS : bords de l'étang de Saint-Nicolas, 1329.
ANGERS (dans le Durat jusqu'à) : 3300.
ANGERS : la Baumette, la roche d'Erigné, 3437.
ANGERS (de Bayonne à) : 1385.
ANGERS (l'Ouest jusqu'à) : 3300.
ANGERS (s'étendant à l'Ouest jusqu'à) : 2404.
ANGERS (tout l'Ouest d') à Bayonne, etc. : 591.
ANGLES (Tarn) : 4094.
ANGLES (bois des) : 1753, 2171.

ANGLURE (Marne) : 429.
ANGOULÊME : 4040, 4218.
ANGRIE (Maine-et-Loire) : 3889.
ANGRIE (étang d') (Maine-et-Loire) 3541.
ANGRIE (landes d') : 3899.
ANIANE : 4014, 4188, 4191.
ANIE (pic d') (Pyrénées) : 1447, 2612, 3236.
ANJOU : 15, 80, 91, 92, 109, 126, 153, 165, 266, 357, 398, 429, 613, 650, 651, 1099, 1121, 1254, 1358, 2014, 2248, 3313, 3320, 3800, 3848, 4101.
ANJOU : Barré, Beaulieu, Chalonnes, 860.
ANNEQUIN : 3829.
ANNOT (Basses-Alpes) : 2092.
ANNOUILLAS près des Eaux-Bonnes (Pyrénées) : 212, 498, 1540, 1756, 3435.
ANNOUILLAS (pacages d') (Pyrénées) : 1013.
ANTHONNE (vallée de l') : 3808.
ANTIBES : 686, 822, 858, 1028, 1121, 1376, 1676, 1726, 2588, 2807, 3065, 3225, 3496, 3794, 3909, 3963, 3965, 4226.
APREMONT, 3522.
APREMONT (col de Fresnes au-dessus d') : 1493.
APT : 378, 548, 771, 807, 1131.
ARAN (vallée d') (Pyrénées) : 1426, 1894.
ARBAS (col d') (Pyrénées) : 1490, 1871, 1884, 2310.
ARBASI (col d') : 1061.
ARBISSAC (pic d') (Pyrénées) : 1174, 1447.
ARBOIS (Jura) : 18, 42, 1344, 1774, 3628, 3853, 4003, 4091, 4214.
ARC (col de l') près de Grenoble : 347, 546, 577, 651, 955, 1022, 1091, 1130, 1173, 1566, 1567, 1809, 2264, 2305, 2322, 2821, 3814, 3874, 4141, 4146.
ARCACHON : 3796.
ARCACHON (bassin d') : 3692.
ARCELOT (Côte-d'Or) : 224, 3772.
ARCEUIL (Paris) : 2916.
ARCHE (col de l') (Alpes du Dauphiné) : 498, 544, 627, 1006, 1021, 1026, 1692, 1694, 1714, 1796, 1823, 1847, 1912, 2049, 2057, 2171, 2177, 2184, 2293, 2295, 2344, 2377, 2473, 2557, 2561, 2929, 3043, 3180, 3335, 3807, 3858, 3878, 4035, 4079.
ARCHE (l') (Alpes du Dauphiné) : 8, 75, 334, 437, 1496, 1536, 1883, 1884, 2552, 3338, 3339, 3340, 3405, 3875.
ARCHE (montagnes de l') : 3726.
ARCHE (vallée de l') : 257, 1142, 1874, 2072, 2112, 2650, 3001, 3921, 3931, 3973, 3984, 4038.
ARCHE (Basses-Alpes) : 121, 1910.
ARCINE (col de l') (Dauphiné) : 1889, 2094, 2343, 3335.
ARCS (les) près de Saint-Martin-de-Londres (Hérault) : 2512.
ARCS-LES-SALINES : 3823.
ARDÈCHE : 645, 823, 853, 1112, 1224, 1374, 1381, 1399, 1520, 1595, 1669, 1971, 1983, 1995, 2030, 2109, 2161, 2164, 2685, 2756, 3261, 3372, 3855.
ARDÈCHE (montagnes de l') : 1617, 2152, 2407, 2919.
ARDÈCHE (montagnes de l') : mont Gerbier, Entraigues, Aubenas, 1911.
ARDÈCHE : rochers d'Avran, 1427.
ARDÈCHE : sources de la Loire, 2201.
ARDÈCHE : Tournon, 1697.
ARDÈCHE : Tournon, Aubenas, Burzet, les Vans, 2071.
ARDÈCHE (vallée de l') : 800, 2725.
ARDENNES : 1587, 3970.
ARDENNES (forêt des) près de Saint-Hubert : 2501.
ARDEVON près de Pontorson : 911.
AREN (Roussillon) : 159.
ARÈS (Gironde) : 511.
ARGELÈS (Pyrénées) : 7, 89, 538, 826, 1058, 3023, 3241, 3255, 3267, 3761, 3837, 3998.
ARGELÈS-SUR-MER : 3225.
ARGENTAN (Orne) : 69, 158, 411, 1191, 2046, 2421, 2454, 2626, 2838, 3628.
ARGENTAN (forêt d') près de Crennes : 36.
ARGENTIÈRE (l') : 1459.
ARGENTIÈRE (entre Vallouise et l') : 2420.
ARGONNE (forêt d') : 2506, 3772, 3802.
ARGONNE (forêt d') près de Beaulieu : 1411.
ARIÈGE : 905, 1432, 1717, 2202, 2725.
ARIÈGE (bords de l') : 809, 1334, 2393, 2619, 3314, 3431, 3617.
ARIÈGE (bords de l'), rive droite surtout : 3542.
ARIÈGE (bords de l') : sables de Porté, 2809.
ARIÈGE (graviers de l') : 2897, 2914.
ARIÈGE (le long des torrents et dans les sables de l') : 1907.
ARIÈGE (rives de l') : 762, 769, 2891.
ARIÈGE (sables de l') : 2858.
ARIÈGE (sources de l') : 3180.
ARIÈGE (vallée de l') : 2623, 2905.
ARISE (Pyrénées) : 527, 531, 2078.
ARLAC : 2370, 3023, 3523.
ARLAC (Gironde) : 4058.
ARLANC (Auvergne) : 2687.
ARLES : 3, 91, 165, 790, 792, 892, 1136, 1199, 1577, 1722, 1817, 1897, 1902, 1926, 1927, 1950, 1979, 2126, 2128, 2262, 2579, 2587, 2887, 3004, 3056, 3058, 3067, 3069, 3086, 3088, 3119, 3148, 3497, 3526, 3766, 3904, 3958, 4002, 4107, 4112, 4191.
ARLES (étang de Montmazour) : 452.
ARLES (d') à Perpignan : 2526.
ARLES (de Nice à) : 3197.
ARLES (de Toulouse à) : 3657.

Arles près de Prats-de-Mollo : 1940, 2685.
Arles-sur-Tech (Pyrénées) : 1949, 3960.
Arleuf (montagnes au sud d') : 2237.
Armeilles : 3320.
Armenvillers près de Tournans (Seine-et-Marne) : 3839.
Arnauds (rochers des) près Gap : 3006, 3545.
Arnay (Côte-d'Or) : 1836, 3782.
Aromanches (Calvados) : 3171.
Arques (Aude) : 1983.
Arradon : 3137.
Arthou (Loire-Inférieure) : 3919.
Artigous-de-Castelet : 1753.
Arvert (forêt d') : 2427.
Asco (d') à Pente-di-Leccia (Corse) : 3197.
Asco (torrent d') (Corse) : 767.
Asco (vallée d') (Corse) : 3549.
Ascou (Pyrénées) : 2237.
Ascou (bois d') : 1753.
Ascoutzela (bergeries d') (Niolo) : 2925.
Asnières (landes d') (Maine-et-Loire) : 4010.
Asparagon (Pyrénées : 1414.
Asparagon (bois de l') (Pyrénées) : 3580.
Asparagon (mont d') (Pyrénées : 2406.
Aspe (vallée d') (Basses-Pyrénées) : 515. 726, 1447, 1677, 1712, 1756, 1887, 2036, 2048, 2309, 2310, 2311, 2333, 2913, 3044, 3230, 3236, 3435, 3502, 4210.
Aspe (de la vallée d'Eynes à la vallée d') (Basses-Pyrénées) : 3076.
Assau (vallée d') (Pyrénées : 1433, 1434, 1447.
Assau (bout de la vallée d') : 1755.
Asson (près de la vallée d') (Hautes-Pyrénées) : 2443.
Astée (vallée d') (Pyrénées : 1431.
Astée (fond de la vallée d') : 2806.
Astorbé (lac d') (Pyrénées : 4142.
Astos (vallée d') (Pyrénées : 2076, 2406, 2923, 2924, 3040.
Astou (prairies de la vallée d') (Pyrénées : 2219.
Astrogoni (bergerie d') : sous le mont Rotundo (Corse), 1901.
Athas (vallée d'Aspe) : 3236.
Atton (bois) : 3853.
Aube : 38, 1593.
Aube (col d') (Basses-Pyrénées) : 64.
Aubenas (Ardèche) : 1906, 1911, 2071, 2159, 2983.
Aubigny (Cher) : 1233.
Aubrac (Lozère) : 249, 2902.
Aubrac (montagnes d') (Lozère) : 1058, 1867, 1878, 2039, 2044, 2048, 3228, 3504, 3776, 3813, 3815, 3839, 3899, 4144.
Aubry (Orne) : 2658.
Aubusson (Creuse) : 1241, 1844, 2098, 3226, 3795.
Auch : 809, 1592, 2079, 2169, 2441, 2490, 3226, 3233, 3772, 3869.
Auch (entre) et Mirande) : 3596.
Aude : 778, 1852, 1983, 3513.
Aude : Narbonne, 37.
Aude (lac d') à 8 kilomètres de Mont-Louis : 4280.
Auderville (Manche) : 937.
Auderville (falaise d') : 1972.
Audincourt : 3828.
Auge (marais d') (Calvados) : 3970.
Auge (pays d') : Saint-Pierre-sur-Dives, Vimoutiers, 126.
Augès près de Fortcalquier : 1645.
Aula (port d') (Pyrénées) : 1540.
Aulmont près Senlis : 1842.
Aulnat (Auvergne : 3883, 4077.
Aulnay : 2789.
Aulnay-aux-Planches (Marne, canton des Vertus) : 826.
Aulnay (bords des champs de la forêt d') à Paizay-le-Chapt : 3214.
Aulus (Hautes-Pyrénées) : 3195.
Aumessas près du Vigan (Gard) : 2637, 3434, 3975, 4005.
Aumessas (remonte dans les Cévennes jusqu'à) : 3217.
Aumets (Lorraine) : 1932.
Aunay (Eure) : 158.
Auray : 2789, 3996.
Aure (vallée d') (Pyrénées) : 1716, 3600.
Aurillac : 1878, 3020.
Aurouse (mont) près de Gap : 9, 27, 43, 58, 59, 75, 112, 211, 212, 233, 294, 326, 358, 543, 576, 6.27, 651, 743, 835, 1021, 1022, 1025, 1026, 1027, 1130, 1133, 1173, 1247, 1302, 1425, 1524, 1536, 1537, 1539, 1565, 1567, 1568, 1616, 1707, 1714, 1715, 1759, 1789, 1809, 1847, 1863, 1884, 1887, 1890, 1954, 2068, 2074, 2075, 2082, 2102, 2140, 2184, 2185, 2264, 2307, 2380, 2394, 2400, 2477, 2478, 2549. 2642, 2822, 2965, 3339, 3472, 3814, 3984, 4035, 4037, 4038, 4053, 4060, 4081, 4082, 4088, 4137, 4141.
Aurouse (pied du mont) près de Gap : 3252.
Aut-du-Pont (Alpes du Dauphiné) : 2343, 2458, 2831.
Auteuil en Valois : 102.
Autun : 545, 1311, 1606, 3775, 3776, 3802, 3829, 3831, 3899, 3913, 3930, 4020, 4026, 4091, 4211.
Auvergne : 15, 25, 26, 28, 31, 37, 39, 61, 80, 94, 99, 102, 105, 125, 126, 128, 147, 156, 158, 166, 173, 224, 252, 256, 267, 269, 271, 272, 279, 295, 305, 313, 323, 346, 347, 352, 398, 401, 403, 405, 411, 434, 459, 537, 545, 553, 564, 572, 574, 604, 637, 650, 656, 699, 700, 721,

730, 753, 800, 969, 997, 1050, 1067, 1134, 1146, 1151, 1159, 1184, 1194, 1196, 1210, 1212, 1214, 1218, 1227, 1230, 1240, 1250, 1259, 1269, 1274, 1278, 1280, 1284, 1294, 1362, 1368, 1369, 1370, 1374, 1379, 1381, 1401, 1417, 1421, 1445, 1457, 1530, 1548, 1606, 1646, 1658, 1660, 1666, 1668, 1669, 1706, 1774, 1785, 1830, 1879, 1881, 1914, 1930, 2044, 2152, 2159, 2210, 2249, 2280, 2318, 2336, 2405, 2412, 2418, 2421, 2423, 2424, 2426, 2430, 2450, 2454, 2500, 2507, 2546, 2553, 2557, 2560, 2564, 2565, 2673, 2697, 2718, 2752, 2773, 2792, 2805, 2830, 3019, 3041, 3186, 3200, 3215, 3360, 3393, 3422, 3467, 3473, 3507, 3575 ? 3628, 3629, 3632, 3640, 3737, 3743, 3754, 3772, 3800, 3822, 3829, 3919, 3993, 4020, 4026, 4060, 4101, 4133, 4192, 4227, 4233, 4249, 4255, 4280, 4286, 4291.

AUVERGNE : Arlanc, 2687.

AUVERGNE : au pied du Puy-de-Corent, 2922.

AUVERGNE : Clermont, etc., 149, 1655.

AUVERGNE (Haute-) : 3306.

AUVERGNE (Haute-) : monts Dore, Cantal, 3722.

AUVERGNE (montagnes de l') : 2407.

AUVERGNE : monts Dore, 22, 1412, 1439, 2287, 3340.

AUVERGNE : monts Dore, bois de Royat, plaine de Laschamps, Puy-de-Dôme, Puy-de-Pariou, 531.

AUVERGNE : monts Dore, Cantal, Mezenc, 2378.

AUVERGNE : monts Dore, Cantal, Puy-de-Dôme, pic de Sancy, val d'Enfer, 2185.

AUVERGNE : mont Dore, pic de Sancy, 1163.

AUVERGNE : Montferrand, Buré-de-Crouel, Aulnat, Saint-Beauzire, 3883.

AUVERGNE : petit Puy-de-Dôme, 532.

AUVERGNE : pic de Sancy, 447, 627.

AUVERGNE : pied du Puy-de-Crouel, Cœur, Saint-Nectaire, 2918.

AUVERGNE : Plomb-du-Cantal, 482.

AUVERGNE : Puy-de-Crouel, Limagne, 2008.

AUVERGNE : Puy-de-Dôme, 4289.

AUVERGNE : Puy-de-Dôme, Cantal, monts Dore, mont d'Aubrac, 1058.

AUVERGNE : Puy-de-Dôme, monts Dore, 146.

AUVERGNE : Puy-de-Dôme, pic de Sancy, 2098.

AUVERGNE : Puy-de-Dôme, Puy-de-Côme, 2626.

AUVERGNE : Puy-Long, Cournon, Corent, Dallet, Gannat, 1967.

AUVERGNE : Puy-Long, Cournon, Gannat, 2951.

AUVERGNE : Puy-Long, Montaudoux, Puy-d'Auzelle, 3869.

AUVERGNE : Randan, 1053.

AUVERGNE (région subalpine de l') : 1412.

AUVERGNE : Royat, Saint-Mart, Gravenoire, Laschamps, Randans, monts Dore, Puy-de-Dôme, Thésac, 1444.

AUVERGNE : Saint-Nectaire, Puy-de-Marman, le Grand-Pérignat, 1973.

AUVILLARS en Normandie : 3546.

AUXERRE : 2434, 3930.

AUXONNE (Côte-d'Or) : 1606, 3823.

AUZANCE (Creuse) : 851.

AVALLON : 3930.

AVÉRAN (Pyrénées) : 1415.

AVÉRAN (montagnes d') près Melles : 2054.

AVEYRON : 1520, 3404, 4229.

AVEYRON (haute vallée de l') : 2637.

AVEYRON (montagnes de l') : 4085.

AVEYRON (vallée de l') : 2139.

AVIGNON : 2, 37, 44, 85, 116, 147, 148, 149, 158, 160, 162, 165, 166, 198, 205, 224, 239, 286, 378, 381, 383, 385, 391, 393, 396, 398, 399, 403, 408, 464, 465, 539, 548, 556, 716, 736, 778, 788, 809, 827, 843, 847, 860, 900, 904, 946, 994, 995, 997, 1012, 1092, 1108, 1110, 1127, 1134, 1135, 1195, 1218, 1219, 1245, 1268, 1354, 1482, 1488, 1544, 1559, 1572, 1577, 1579, 1592, 1595, 1602, 1608, 1663, 1699, 1732, 1746, 1763, 1782, 1788, 1790, 1835, 1841, 1855, 1869, 1932, 1938, 1941, 1942, 1947, 1950, 1968, 1973, 1981, 2009, 2015, 2021, 2025, 2062, 2070, 2115, 2116, 2120, 2122, 2126, 2128, 2139, 2144, 2149, 2150, 2159, 2161, 2192, 2198, 2213, 2215, 2231, 2330, 2362, 2511, 2533, 2537, 2576, 2586, 2604, 2606, 2608, 2609, 2617, 2618, 2646, 2680, 2802, 2804, 2866, 2876, 2887, 2891, 2897, 2898, 2900, 2922, 2969, 2971, 2972, 2983, 2992, 3020, 3024, 3084, 3100, 3118, 3121, 3129, 3233, 3255, 3268, 3364, 3381, 3486, 3555, 3568, 3710, 3733, 3766, 3789, 3822, 3945, 3958, 3963, 3979, 3999, 4000, 4061, 4077, 4094, 4104, 4115, 4157, 4169, 4188, 4189, 4191, 4199, 4206.

AVIGNON (bords de la Durance à) : 3969.

AVIGNON : bords de la Durance : 3962.

AVIGNON (d') à Perpignan : 568.

AVIGNON (entre) et Cavaillon : 1005.

AVIGNON (entre Nîmes et) : Fréjus, Hyères, Toulon, 1935.

AVIGNON (remonte jusqu'au-delà d') : 648.

AVRAN (mont d') (Pyrénées) : 2481.

AVRAN (rochers d') (Ardèche) : 1427.

AVRANCHES : 218, 513, 982, 1576, 2248, 2435, 2601, 2602, 2784, 2789, 2832, 2904, 3890.

AVRON (Pyrénées) : 2814.

Ax (Pyrénées) : 1387, 1907, 2343, 2725.
Ay : 1974.
Azat (commune d') (Haute-Vienne) : 4281.
Aze (le banc de l') (Pyrénées-Orientales) : 2276.
Azun (Pyrénées) : 1451.

B

Bac-de-Bolcaire (Pyrénées) : 1753, 2313.
Bac-de-la-Plana (Pyrénées) : 2456.
Baciba (col de) (Pyrénées) : 1545.
Badonvillers : 2005, 2289.
Bagès (Basses-Pyrénées) : 3471, 3564.
Bagès (mont) (Basses-Pyrénées) : 1875, 2443.
Bagnères : 458, 459, 1097, 1498, 1523, 2400, 2421, 2965.
Bagnères-de-Bigorre : 260, 499, 1677, 2349, 2435, 2437, 2476, 3185, 3545, 3600, 3615, 3984, 4040.
Bagnères-de-Luchon : 322, 518, 550, 860, 1806, 1816, 1843, 1848, 1997, 2036, 2076, 2189, 2442, 2497, 2587, 2725, 3004, 3151, 3975, 4040, 4041, 4099, 4120.
Bagnères-de-Luchon au-dessus du cimetière : 1431.
Bagnères (pic du Midi de) : 1041.
Bagnolet : 1553.
Bagnols (Gard) : 490, 1544, 1931.
Bagnols (Roussillon) : 89, 94, 539, 544, 933, 937, 972, 1042, 1066, 1081, 1121, 1179, 2488.
Bagnols (environs de) (Roussillon) : 2365.
Bagnols-les-Bains : 3231.
Bagnols près de Fréjus : 340, 684, 792, 795, 1968, 1973, 2030.
Bagnols-sur-Mer : 922, 1069, 1841, 1976, 2017, 2110, 2126.
Baigorry : 1104.
Bains (Lorraine) : 1923.
Balarue près Montpellier : 3916, 4002, 4112.
Balistra : 3765.
Balme (col de la) : 3435.
Balmette (à la) : 1431.
Ballons (les) (Hautes-Vosges) : 1995, 2098, 3973.
Balour (mont) près des Eaux-Bonnes : 2913.
Banachu près l'Espérou : 249.
Bancs-de-l'Aze : 1669.
Bande-la-Roche (Basse-Alsace près Hochfelden) : 102, 2452 ?
Bandols près de Toulon : 843, 1132.
Bandols (de) à Toulon : 843.
Bandols (île de) près de Toulon : 1513.
Banguls : 1488.
Banjuls-de-Mer (Cassis entre Collioures et) : 1470.
Banyuls (Pyrénées-Orientales) : 2524, 2833, 2972, 3559, 3573.
Banyuls-sur-Mer (Pyrénées-Orientales) : 2605, 2623, 2947, 2993, 3011, 3018, 3032, 3037, 3226, 3255, 3267, 3283, 3285, 3455, 3458, 3796, 3929, 3956, 3957, 3998, 4004, 4014, 4122, 4148, 4235.
Baon-de-Quatre-Heures près de Toulon : 2106.
Bar : 100, 1241.
Barcelonnette (Basses-Alpes) : 8, 124, 127, 475, 576, 835, 836, 1018, 1164, 1173, 1536, 1622, 1695, 1789, 1967, 2804, 3001, 3800, 3857, 3911, 4003, 4053, 4122, 4199.
Barcelonnette (Alpes de) : 437.
Barcelonnette (vallée de) : 544.
Barcugnas (roches de) (Pyrénées) : 1431.
Bareilles : 3554.
Barèges (Hautes-Pyrénées) : 146, 260, 398, 591, 835, 873, 1013, 1041, 1058, 1185, 1387, 1523, 1620, 1637, 1665, 1708, 1824, 1930, 1997, 2036, 2077, 2264, 2266, 2456, 2712, 2963, 3331, 3413.
Barèges (moulin de Serres à) : 1753.
Barfleur : 468, 561, 562, 930, 1358, 1391, 2865, 3904.
Bar-le-Duc : 2437, 3930.
Baronies (les) en Dauphiné : 335.
Barousse (vallée de) : 3471, 3545.
Barr (Bas-Rhin) : 1056, 2267.
Barre : 1930, 2200.
Barré près de Beaulieu : 860, 2890.
Barré (coteaux de) : 860.
Bassège : 1983.
Bassihoué (Pyrénées) : 3335.
Bassiouhé (passade de) : 2237, 2446.
Bastia (Corse) : 77, 84, 148, 160, 161, 175, 199, 202, 217, 259, 324, 369, 377, 380, 404, 473, 489, 499, 507, 510, 521, 530, 548, 589, 683, 684, 686, 698, 699, 746, 765, 795, 796, 808, 810, 822, 831, 838, 845, 849, 857, 860, 862, 881, 898, 903, 931, 933, 946, 972, 984, 989, 990, 991, 992, 997, 1034, 1065, 1066, 1069, 1070, 1073, 1081, 1083, 1089, 1096, 1105, 1106, 1110, 1129, 1328, 1346, 1347, 1387, 1466, 1482, 1502, 1518, 1519, 1550, 1553, 1554, 1579, 1584, 1589, 1593, 1596, 1667, 1685, 1688, 1740, 1782, 1799, 1802, 1817, 1819, 1838, 1839, 1841, 1852, 1861, 1898, 1904, 1917, 1918, 1926, 1931, 1935, 1938, 1948, 1968, 1976, 1981, 1988, 2016, 2017, 2021, 2117, 2119, 2128, 2133, 2145, 2149, 2150, 2165, 2175, 2389, 2532, 2593, 2618, 2623, 2665, 2710, 2719, 2844, 2869, 2873, 2899, 2905, 2912, 2914, 2935, 2963, 2971, 2983, 2997, 3002, 3003, 3008, 3028, 3032, 3064, 3066, 3225, 3228, 3234, 3238, 3244, 3248, 3257, 3261, 3283, 3284, 3390, 3470, 3483, 3497, 3520, 3543, 3609, 3616, 3762, 3763, 3765, 3794, 3837, 3846, 3882, 3890, 3892,

3929, 3959, 3963, 3990, 3998, 4013, 4016, 4062, 4098, 4103, 4104, 4121, 4122, 4198, 4206, 4210, 4221, 4229, 4235, 4262, 4265.
BASTIA (bergerie de) : 2892.
BASTIA (glacières de) : 625, 1683, 2258.
BASTIA (montagnes de) : 3410.
BASTIA près) : 282.
BASTIA (vignes de) : 3411.
BASTIDE (la) près de Grenoble : 1881.
BASTIDE près de Bordeaux : 2623.
BASTILICA : 2729, 4121.
BASTILICA (montagnes de) dans le Niolo : 1382.
BASTILLE (la) : 2205.
BATZ (bourg de) : 3052.
BATZ (îles de) : 3904.
BAUDUÈRE (marais de la) (Vendée) : 3776.
BAUGÉ (Anjou) : 1842, 2014.
BAUME (Côte-d'Or) : 1218, 4085.
BAUME (la) sur Sisteron : 2487.
BAUME près de Besançon : 2472.
BAUMES (étang des) près d'Antully (Saône-et-Loire) : 3839.
BAUMES-LES-DAMES : 1615.
BAUMETTE (la) : 3437.
BAUX (les) près de Gap (Dauphiné) : 22, 697, 1003, 1007, 1026, 1103, 1180, 1199, 1741, 1886, 1967.
BAYARD (mont) près de Gap : 1166, 1252, 3860.
BAYARDS (au-dessus des) près de Gap : 3500.
BAYARDS (les) près de Gap : 860, 3626.
BAYARDS (route de Gap aux) : 2510.
BAYE (bois de) (Marne) : 1212.
BAYEL : 3023.
BAYEN (mont) près de Saint-Martin-d'Ablois : 1056.
BAYEUX : 337, 695, 1099, 1553, 1777, 1873, 2448, 2454, 2686, 2707, 3592, 3789, 3829.
BAYEUX (environs de) : 411.
BAYGORRI (dans le) : 515.
BAYON : 1304.
BAYONNE : 148, 200, 202, 273, 279, 367, 376, 385, 403, 448, 692, 746, 833, 834, 931, 933, 1009, 1048, 1123, 1168, 1332, 1374, 1381, 1503, 1597, 1665, 1792, 1897, 1935, 2027, 2046, 2248, 2370, 2427, 2434, 2465, 2535, 2544, 2595, 2610, 2680, 2687, 3055, 3068, 3101, 3226, 3299, 3477, 3479, 3492, 3501, 3522, 3523, 3534, 3562, 3567, 3573, 3594, 3659, 3766, 3796, 3843, 3953, 3996, 4009, 4030, 4048, 4058, 4196, 4226.
BAYONNE (Basses-Pyrénées au-delà de) : 1781.
BAYONNE (bords de l'Océan à) : 3050.
BAYONNE (çà et là de) à Paris : 2523.
BAYONNE (côtes de l'Océan à), etc. : 3517.
BAYONNE (côtes maritimes de) à Dunkerque : 1332.
BAYONNE (de) à Bordeaux : 3422.
BAYONNE (de) à Brest : 1670, 3421.
BAYONNE (de) à Cherbourg : 2545.
BAYONNE (de) à Dunkerque : 1922, 2436, 2540, 3049, 3820, 4139.
BAYONNE (de) à l'embouchure de la Loire : 490.
BAYONNE (de) à l'embouchure de la Seine : 3795, 3797.
BAYONNE (de) à la Rochelle : 2744.
BAYONNE (de la Teste à) : 3471.
BAYONNE (de) à la Teste-de-Buch près de Bordeaux : 2360.
BAYONNE (de) à Nantes : 468, 2495.
BAYONNE (de) à Nantes et à Angers : 1385.
BAYONNE (de) à Nantes, etc. : 3600.
BAYONNE (de) à Paimbeuf : 4167.
BAYONNE (de) à Perpignan : 653.
BAYONNE (de) à Poitiers et à Nantes : 2164.
BAYONNE (de) à Quimper : 875.
BAYONNE (de) à Vannes : 2708.
BAYONNE (de) à Vire : 735.
BAYONNE (de Paris à) : 2435.
BAYONNE (environs de) : 361, 2895, 3044.
BAYONNE (Landes) : 3491, 3791.
BAYONNE (landes de Bordeaux à) : 1268, 2740.
BAYONNE (landes de l'Ouest depuis) jusqu'à Brest : 793.
BAYONNE (sables de l'Océan de) à Nantes : 2180.
BAYONNE (tout l'Ouest d'Angers à). V. Angers.
BAYONNE (tout l'Ouest de) à Dunkerque : 3801.
BEAUCAIRE : 693, 795, 1050, 1195, 1503, 1869, 1902, 1938, 1941, 1967, 1968, 1981, 2025, 2586, 2604, 2622, 3555, 4061.
BEAUCAIRE (Montpellier) : 4062.
BEAUCAIRE (de Lyon à) : 3969.
BEAUCAMP-LE-VIEUX près Aumale : 2447.
BEAUFORT : 1770.
BEAUJOLAIS : 2421.
BEAUJOLS-DE-MER (entre) et Las-Abeillas (Pyrénées-Orientales) : 717.
BEAULIEU (Maine-et-Loire) : 339, 860, 937, 1554, 1815, 3437, 3919.
BEAULIEU (forêt d'Argonne près de) : 1411.
BEAULIEU (rochers de) (Maine-et-Loire) : 2230.
BEAUMONT près Cherbourg : 2538, 4077.
BEAUMONT-LE-ROGER (Eure) : 1392, 1717, 2528, 2895.
BEAUNE (Côte-d'Or) : 129, 1117, 1491, 1537, 1586, 1593, 1602, 1603, 1815, 1914, 1968, 1973, 2008, 2098, 2160, 2229, 2342, 2354, 2575, 2978, 3034, 3871, 3930, 4170, 4210.
BEAUNE (de Dijon à) : 1533.

Beaune (vallée du Rhône jusqu'à) : 3204.
Beauregard (Dauphiné) : 4062.
Beaurieux (Aisne) : 3866.
Beausseri près Gisors : 1158.
Beauvais : 1351, 1366, 2008, 2014, 3866.
Beauvais (environs de) : 1501.
Beauvais-sur-Matha : 3214.
Beauvoisin (pont de) : 3705.
Bec (glaciers du) (Dauphiné) : 5, 1018, 1173, 1459, 1714, 1985, 3727, 3876.
Bec (sous les glaciers du) : 9, 2184, 2444, 4236.
Becdal (bois de) (Eure) : 36.
Bécon (landes de) (Maine-et-Loire) : 4010.
Bédarieux : 2751, 2794, 4005.
Bégoura : 2443.
Behorleguy (mont) près Saint-Jean-Pied-de-Port (Pyrénées) : 702, 1174.
Belattre (port de) (Pyrénées) : 1899.
Belboeuf près Rouen : 1045.
Belfort : 701, 3554.
Belfroi : 273.
Belgodère : 2026, 3174.
Bélieu (Jura) : 1785, 3361, 3775, 3813, 3815, 3830, 3859, 3899.
Bélieu (tourbières de) (Doubs) : 3808, 3829.
Bellecombe près du Buis (Dauphiné) : 1103.
Belledone près de Grenoble : 1173, 1955, 2143, 2144, 3043.
Belledone (pic de) près de Grenoble : 1997, 2644.
Bellegarde (Ain) : 2296.
Bellegarde (Gard) : 1005, 1592, 1902, 1950, 1974, 1979, 2379, 3067, 3657.
Bellegarde (Pyrénées-Orientales) : 541, 1933, 3193.
Belle-Isle : 682, 1121, 2495, 2652, 2807, 3023, 3054, 3055, 3137, 3541, 3891, 3913.
Belle-Isle-en-Mer : 2164, 2732.
Bellerive : 2934.
Bellesme : 1099.
Bellevue : 2087.
Belley : 425, 1786, 4115.
Belley (bords du Rhône jusqu'à) : 1655.
Belley (vallée du Rhône jusqu'à) : 3206.
Bellite : 1815.
Bénasque (Pyrénées) : 233, 835, 1595, 1809, 1894, 1997, 2128, 2923, 2924, 3031, 3261, 3921, 3931.
Bénasque (port de) (Pyrénées) : 22, 219, 260, 334, 498, 524, 601, 837, 1041, 1404, 1425, 1426, 1432, 1433, 1434, 1435, 1436, 1437, 1441, 1632, 1824, 1847, 1870, 2078, 2138, 2476, 2477, 2481, 2643, 2724, 2814, 2820, 3021, 3151, 3413, 3715, 3811, 3812, 3838, 3875, 3878.
Bénasque (au-delà du port de) (Pyrénées) : 2783.
Bénasque (bois de l'Hospice sous le port de) (Pyrénées) : 1753.
Bénasque (au Midi sous le port de) (Pyrénées) : 2264.
Bénasque (sur le revers du port de) (Pyrénées) : 1746.
Bénasque (vallée de) (Pyrénées) : 3195.
Benèze (Gard) : 3363.
Benfeld (Bas-Rhin) : 425, 426, 429, 701, 1006, 1503, 1864, 1960, 1974, 2038, 2045, 2563, 3535, 3540, 3787, 3789, 3860.
Benon (Charente-Inférieure) : 751, 932, 2205.
Benon (forêt de) : 1668, 4023.
Benonce (Ain) : 322.
Béost (Basses-Pyrénées) : 2923, 2924, 4082, 4101, 4120.
Béost (mont de) (Basses-Pyrénées) : 1016, 1540, 1824, 2443, 3811, 3812, 3878, 4038, 4133, 4137, 4142, 4148.
Bérarde (la) (Isère) : 1702, 1738, 2298, 2299, 2378, 2380, 2557, 2644, 2735, 2823, 3340, 3353, 3727, 3816, 3875, 3972, 3973, 4082, 4236.
Bérarde (Alpes jusqu'à la) : 3919.
Bérarde (glaciers de) : 1998.
Bérarde (sous les glaciers de la) : 1805, 2343.
Bérarde (vallée de la) : 2101, 2319.
Bérarde (jusqu'au sommet de la vallée de la) (Dauphiné) : 2402.
Bérarde-en-Oisans (la) : 936.
Béret (plaines de) près des sources de la Garonne : 1755.
Berger (fontaine du) : 1211.
Bergerac : 490, 1986, 3489.
Bergheim (Haut-Rhin) : 701, 1056.
Bernadouze : 1450, 1665, 3195.
Bernadouze (fontaine de) : 1452.
Bernay (Eure) : 154, 271, 700, 747, 1044, 1311, 1856, 2127, 2707.
Bernesque près Bayeux : 2426.
Bernin (Dauphiné) : 824, 827.
Berre : 976.
Besançon : 13, 18, 69, 105, 109, 128, 154, 156, 165, 401, 414, 415, 416, 460, 559, 613, 1087, 1167, 1196, 1214, 1225, 1230, 1301, 1353, 1392, 1704, 1705, 1706, 1777, 2209, 2255, 2270, 2385, 2553, 2678, 2705, 2855, 2856, 2877, 2882, 3474, 3823, 3828, 3829, 3871, 3899, 3928, 4084, 4101, 4170, 4209, 4211.
Besançon à Chalezeule : 1055.
Besançon (près de) : 3297, 4291.
Besançon (vallées du Rhône et de ses affluents jusqu'à) : 4214.
Besange-la-Grande (Meurthe) : 4077.
Bességes (Gard, canton de Saint-Ambroix) : 2.

Béthune : 2447.
Beuvry près de Béthune : 3829.
Béville (Manche) : 48.
Bex : 461.
Béziers : 149, 393, 1005, 2023, 2507, 2586, 2623, 3027, 3101, 3261, 3267, 3268, 3431, 3527, 3547, 3688, 3837, 3929, 3979, 3981, 4005, 4060, 4096, 4157, 4171, 4183, 4188.
Béziers (entre Agde et). *V.* Agde.
Biaritz près de Bayonne : 845, 1322, 2536, 2618, 3055, 3471, 3796, 3843, 3949, 4058.
Biaritz (de) à Noirmoutiers : 476.
Biaritz (du Capsir à) : 2553.
Bicêtre : 1050.
Bielle : 726.
Bigorre (Pyrénées) : 1185.
Bigorre (pic de) : 1755, 2477.
Bigorre (pic du Midi de) : 322, 325, 524, 703, 860, 1020, 1041, 1712, 1930, 1997, 2000, 2724, 3043, 3715, 4049, 4142.
Biguglia (étang de) près de Bastia : 850, 1469, 1898, 2033, 2119, 2961.
Billaude (la) : 2489.
Billoc (Basses-Alpes) : 1702.
Billoc (Pyrénées-Orientales) : 1975.
Billy (marais de) (Vendée) : 3776, 3808.
Binet (mont) : 726.
Bione (Hérault) : 3370, 3568.
Bious : 3482.
Biron : 518.
Birse (vallée de la) : 3880.
Bischwiller : 1984.
Bisten : 3800.
Bisten (marais de la) : 3776.
Bitche : 22, 165, 658, 1199, 1210, 1307, 1311, 1606, 1668, 1728, 1984, 2040, 2098, 2176, 2282, 2284, 2285, 2351, 2354, 2375, 2408, 2553, 2703, 2707, 2812, 2832, 2855, 2857, 3141, 3189, 3433, 3593, 3634, 3704, 3715, 3781, 3800, 3802, 3806, 3829, 3831, 3832, 3859, 3866, 3899, 4250.
Bitche (entre) et Rohrbach : 3139.
Bitche : versant oriental des Vosges : 3632.
Biville près Cherbourg : 2756.
Blagnac (bords du canal) : 2367.
Blain : 3775.
Blainville (Calvados) : 135.
Blaison : 1843.
Blamont : 1832.
Blanc (le) (Indre) : 1059, 2125.
Blanc (mont) : 4141.
Blanc (pied du mont) : 4041.
Blanc (Alpes de Savoie près le mont) : 4137.
Blanchemer (lac de) (Vosges) : 1606.
Blandas (Gard) : 3231, 3559.
Blaye (Gironde) : 370, 3766, 3907.
Bleu (lac) : 3812.
Blind (sous le fort) au-dessus de Salins : 1443.
Blois : 47, 129, 161, 228, 793, 826, 1593, 1600, 1606, 1770, 1791, 1877, 2109, 2699, 2980, 3919, 4210.
Blois (vallée de la Loire et de ses affluents jusqu'à) : 4155.
Bocage : 2448.
Bocognano (Corse) : 947.
Bocognano (entre Ajaccio et) : 3779.
Bogomano (Corse) : 2950.
Bogomono (Corse) : 499, 746.
Bogonians : 2373.
Bois (chapelle des) (Doubs) : 3859.
Bombax (château de) près de la Durance : 1005.
Boncourt (Côte-d'Or) : 3782, 3792.
Bond-de-Séculéjo : 2481.
Bondouville (bois de) : 1495.
Bondy : 1842, 3831, 3882.
Bondy (forêt de) : 3883.
Bonhomme (le) : 1932.
Bonifacio (Corse) : 4, 38, 77, 78, 84, 122, 202, 369, 377, 380, 483, 486, 487, 510, 530, 590, 625, 675, 677, 680, 682, 683, 686, 715, 790, 810, 838, 845, 849, 854, 855, 857, 858, 860, 895, 927, 931, 939, 947, 972, 990, 992, 998, 1014, 1054, 1066, 1081, 1083, 1089, 1105, 1106, 1110, 1132, 1199, 1230, 1322, 1328, 1339, 1380, 1407, 1466, 1468, 1471, 1482, 1550, 1554, 1559, 1579, 1596, 1601, 1627, 1633, 1734, 1749, 1765, 1782, 1799, 1838, 1841, 1853, 1880, 1897, 1918, 1926, 1934, 1948, 1962, 1976, 1979, 1989, 2010, 2021, 2024, 2062, 2117, 2126, 2129, 2153, 2165, 2372, 2388, 2389, 2438, 2588, 2593, 2605, 2621, 2623, 2624, 2634, 2719, 2729, 2732, 2743, 2764, 2842, 2849, 2873, 2899, 2912, 2921, 2935, 2963, 2987, 2992, 2999, 3002, 3003, 3008, 3028, 3047, 3061, 3066, 3221, 3225, 3238, 3240, 3244, 3257, 3259, 3390, 3414, 3415, 3417, 3427, 3432, 3454, 3470, 3483, 3514, 3520, 3523, 3524, 3539, 3543, 3548, 3561, 3574, 3589, 3609, 3647, 3650, 3654, 3702, 3728, 3731, 3741, 3763, 3788, 3794, 3837, 3845, 3861, 3889, 3890, 3891, 3904, 3908, 3909, 3919, 3960, 3979, 3987, 3990, 3995, 3998, 4016, 4019, 4066, 4098, 4104, 4108, 4111, 4114, 4126, 4127, 4131, 4149, 4183, 4206, 4218, 4250, 4284.
Bonifacio (environs de) : 1406.

Bonnétage : 3813.
Bonneu : 1717.
Bonnières (Eure) : 2865.
Bonsecours près Rouen : 1648.
Bordalla-de-la-Manera : 2393.
Bordeaux : 160, 161, 222, 313, 367, 375, 376, 385, 403, 448, 451, 511, 716, 814, 833, 939, 965, 1048, 1068, 1110, 1112, 1123, 1421, 1503, 1554, 1592, 1593, 1665, 1668, 1752, 1914, 1964, 2016, 2079, 2120, 2161, 2170, 2173, 2231, 2434, 2465, 2595, 2680, 2840, 2862, 2875, 2922, 3079, 3084, 3147, 3203, 3213, 3226, 3233, 3491, 3523, 3594, 3628, 3669, 3675, 3678, 3715, 3731, 3904, 3907, 3913, 3916, 3929, 3930, 4033, 4199, 4211, 4226.
Bordeaux : allée Boutant, 4279.
Bordeaux (de) à Bayonne. *V.* Bayonne.
Bordeaux (landes de) : 3230.
Bordeaux (landes de) à Bayonne. *V.* Bayonne.
Bordeaux : la Teste, 3592.
Bordes près de Montbard : 275.
Bormes (Var) : 322, 1028, 1685, 1690, 3960, 4016, 4122.
Born (le) : 3023.
Boscodon près d'Embrun : 127, 1001, 1678, 2477.
Boucau (Vieux-) (Landes, environs de Dax) : 201, 1009, 3068, 4048.
Bouchard (île) : 153.
Boucharo (pic de) : 1174.
Boucharo (port du) : 1441, 1447, 2561, 3195.
Bouchemaine : 3557.
Bouchero (port de) : 1712.
Bouches-du-Rhone : 3445, 3513.
Boudouville (bois de) : 1495.
Bougeailles près de Salins (Jura) : 1104.
Bouille (la) près de Rouen : 2649.
Boujailles : 1563.
Boulboy : 2622.
Boule (vis-à-vis la ferme de la). *V.* Saint-Laud (Anjou).
Boulogne : 2979, 3843, 3929, 4181, 4196.
Boulogne (bois de) (Paris) : 14, 15, 2351, 2697, 2698, 2702, 3871.
Boulou : 538, 856, 935, 1632, 1817, 1936, 1987, 2025, 2377, 2970.
Bouquelon près le marais Vernier : 2434.
Bouquet près d'Uzès (Gard) : 120.
Bourbes (montagnes des) près de Digne : 2930.
Bourbon-Lancy : 3537.
Bourbonne : 1117.
Bourbonne-les-Bains : 3930.
Bourganeuf : 1123, 3996.
Bourg-d'Iré (Maine-et-Loire) : 102.
Bourg-d'Oisans : 275, 1487, 1565, 1707, 1710, 1741, 1759, 1863, 1912, 1947, 1971, 1973, 2095, 2549, 2870.
Bourg-d'Oisans (route du) (au Lautaret) : 10.
Bourges : 313, 425, 428, 598, 826, 851, 1050, 1087, 1099, 1103, 1484, 1593, 1602, 1603, 1723, 1770, 1864, 2079, 2943, 3871, 4023, 4210.
Bourges (entre Saint-Amand et) : 1508.
Bourget (le) près de Briançon : 253.
Bourg-le-Roi près d'Alençon : 48.
Bourgogne : 39, 42, 67, 108, 109, 128, 156, 166, 210, 224, 237, 275, 401, 571, 650, 656, 753, 1029, 1195, 1196, 1587, 1646, 1717, 1747, 1777, 2170, 2717, 2718, 3615, 4286.
Bourgogne : Bordes près Montbard, Semur, 275.
Bourgogne : de Dijon à Beaune, 1533.
Bourgogne : Dijon, 2488.
Bourgogne (régions élevées de la) : 1095.
Bourgoin (Isère) : 3792.
Bourgueil près de Chinon : 3855, 4008.
Boussé : 3625.
Boutant (allée) (Bordeaux) : 4279.
Bouts (Pyrénées) : 154.
Bouxweiller (Alsace) : 1180, 2058, 2954.
Bovinan (mont) : 1170.
Boyard (col) près de Gap : 1789.
Boyard (fort) (littoral de l'Ouest) : 1009.
Boyards (les) : 1824.
Bozat (Auvergne) : 806.
Brain-sur-Allonnes (Maine-et-Loire) : 126.
Bram-Buou près de Sisteron (Hautes-Alpes du Dauphiné) : 1013.
Brame-Buou près de Saint-Geniès : 807.
Brame-Buou sur le mont Saint-Geniès, entre Serres et Laragne (Hautes-Alpes) : 804.
Brande (au-dessus des lacs de) : 1174.
Brande-en-Oysans : 73, 1177, 2478.
Brande-en-Oysans (montagnes de) : 2768.
Branges (Saône-et-Loire) : 3947.
Brassus (le) (Jura) : 1418.
Bravoni (Corse) : 2961.
Bravoue (embouchure de la) (Corse) : 3979.
Bray (pays de) : 100, 2426, 2447, 2794.
Brèche-au-Diable près de Falaise : 273.
Brèche-de-Rolland (Pyrénées) : 57, 1436, 1564, 2000.
Brède (la) près de Bordeaux : 1839.
Bremoncourt (Doubs) : 3849.
Brengues (Lot) : 851.
Brenn (la) (Indre) : 3731.
Brésé (Maine-et-Loire) : 4040.
Bresse : 208, 658, 818, 1374, 2503, 2567, 3381, 3802.
Bressuire (Deux-Sèvres) : 4101.
Brest (Finistère) : 171, 373, 1990, 2610,

3051, 3054, 3055, 3796, 3917, 4120, 4226, 4235, 4266.
Brest (de Bayonne à). *V.* Bayonne.
Bretagne : 146, 160, 171, 357, 367, 860, 1358, 1646, 1774, 2421, 2503, 2779, 3328, 4165.
Bretagne : à 2 kilomètres de Landernau en se dirigeant vers Brest : 388.
Bretagne : à la Grâce-de-Dieu, près Courçon, bois d'Ecoulandres : 3617.
Bretagne : Cherbourg, Nantes, 3203.
Bretagne (côtes de) : 311, 911.
Bretagne et îles adjacentes : 714.
Bretagne : sur le Menez-Om, 4286.
Breton (cap) : 1009.
Bréville près de Troarn (Calvados) : 2705.
Brevine (la) (Jura) : 1418, 1785.
Brezolettes (forêt de) (Orne) : 2425.
Briançon : 9, 25, 27, 145, 187, 253, 398, 437, 488, 514, 627, 743, 844, 1004, 1007, 1008, 1010, 1013, 1018, 1019, 1022, 1025, 1027, 1053, 1133, 1135, 1142, 1247, 1344, 1547, 1694, 1710, 1755, 1759, 1787, 1815, 1823, 1826, 1847, 1848, 1855, 1883, 1933, 1997, 2000, 2036, 2082, 2095, 2112, 2189, 2207, 2210, 2230, 2264, 2302, 2303, 2320, 2355, 2456, 2590, 2598, 2802, 2804, 2918, 2923, 3030, 3086, 3189, 3387, 3435, 3632, 3816, 3838, 3850, 3875, 3878, 3931, 3971, 4000, 4053, 4134, 4148, 4169.
Briançon (Alpes de) : 2477.
Briançon et sables des rivières qui en découlent : 1912.
Briançon (montagnes de) : 1863, 2346, 2377, 2822, 3726.
Briançon (route de) au Quayras : 187.
Briançon (vallée de) : 2735.
Briançonnais : 23, 101, 1710, 2317, 2485, 3340.
Briançonnais (Alpes du) : 2383.
Brianze (marais de) (Normandie) : 3806.
Briare (bords du canal de) : 1050.
Bricquebec (Manche) : 48, 549.
Bridaire (canal de) (Charente-Inférieure) : 3789.
Brignais près de Lyon : 935.
Brignolles (Var) : 329, 464, 1092, 2858.
Briouze (Orne) : 411, 451, 1600, 2789.
Brise-Poutot sur Pont-de-Roide (Doubs) : 1115, 1537, 2076.
Brissac (Maine-et-Loire) : 3228.
Brissac (forêt de) : 2443.
Brives : 375.
Brouage (Charente-Inférieure) : 3996.
Brouvelieures (Vosges) : 2047.
Brucourt (Calvados) : 2626.
Bruges (Basses-Pyrénées) : 2370.
Brumath (Bas-Rhin) : 3823.
Bruyères (Vosges) : 1254, 1290, 2047, 2812, 3775, 3800, 3802, 4209.
Buchoniano (Corse) : 2935.
Bugarac (pic de) (Pyrénées) : 1659.
Bugey (le) : 465, 1666, 1677, 1691, 2324, 2608, 3468, 3639.
Bugey (le) au mont Colombier : 1710.
Bugney (mont) près de Nantua : 3540.
Buis (le) (Dauphiné) : 797, 809, 997, 1012, 1103, 1104, 1579, 1981, 2093, 3243.
Buis (environs du) (Dauphiné) : 543.
Buissoncourt (Lorraine) : 1614.
Buissons : 1410.
Burbes (gore de) (Pyrénées) : 1436.
Buré-de-Crouel (Auvergne) : 3883.
Burthecourt (Meurthe) : 3689.
Burzet (Ardèche) : 2071.
Bussang dans les Vosges : 695, 701, 2448.
Bussière (bois de) près d'Aigueperse (Puy-de-Dôme) : 417.

C

Cabanas (la) (Pyrénées-Orientales) : 2927.
Cabannes (les) près de Montpellier : 2537, 3508, 3512.
Cabirous (rochers de) (Pyrénées) : 1450.
Cabourg (Calvados) : 49.
Cabre (col de) (Cantal) : 1531, 2287.
Cacadique (pic de) (mont Dore) : 1824.
Cadeil (roches de) (Pyrénées) : 1431.
Cady (mont) près de la Seu-d'Urgel (Pyrénées) : 1003.
Caen : 100, 146, 166, 357, 451, 549*, 559, 891, 961, 1099, 1152, 1553, 1593, 1600, 1603, 1717, 1777, 2062, 2127, 2370, 2523, 2585, 2601, 2626, 2658, 2676, 2678, 2682, 2784, 2786, 2838, 3478, 3592, 3789, 3871, 3892, 3919, 3929, 3989.
Caen : bords du canal, prairies de Louvigny, 961.
Caen : Chicheboville, Livarot, 2558.
Caen (de) à Bayonne. *V.* Bayonne.
Cagire (Pyrénées) : 233, 1097, 1174, 1414, 1703, 1739, 2276, 2313, 2475, 2568, 2823, 2964, 3921, 4148.
Cagire (mont) : 744, 1534, 1540, 1566, 1875, 2000, 2185, 2315, 2393, 2406, 2913.
Cagire (pic de) : 3811.
Cagna (Corse) : 184.
Cagna (mont) : 508, 810, 2958, 4121.
Cagnano (mont) (Corse) : 530.
Cagne (mont) (Corse) : 1422, 2438, 2801.
Cagnione (monts) (Corse) : 2643.
Cagno (mont de) (Corse) : 1589, 1913, 2457, 2728, 2885, 2932, 3003, 3483.

Cagnone (Corse) : 2910.
Cagnone (mont) (Corse) : 2892.
Cagnu (mont) (Corse) : 1948.
Cahors (Lot) : 598, 2595.
Cairat (pic) (Pyrénées) : 2185.
Calais : 4181, 4196.
Calanda (la) du monte Rotundo : 1494.
Calarde : 2022.
Calenzana (Corse) : 489, 499, 3002, 3919.
Calvados : 12, 105, 440, 478, 982, 1290, 1311, 1937, 2257, 2396, 2746, 3171, 3320, 3669.
Calvados (côtes du) : 4196.
Calvados (marais maritimes du) : 3790.
Calvados : Manerbe et Saint-Manvieux près de Vire, Ouillyé-le-Vicomte près de Lisieux, 3557.
Calvi (Corse) : 34, 199, 259, 380, 485, 487, 489, 499, 510, 548, 684, 698, 715, 717, 795, 796, 808, 810, 822, 831, 833, 933, 946, 1069, 1081, 1105, 1106, 1322, 1359, 1376, 1380, 1502, 1518, 1553, 1596, 1619, 1817, 1838, 1839, 1852, 1853, 1880, 1918, 1926, 1948, 1950, 1976, 1981, 1988, 2017, 2026, 2062, 2064, 2372, 2427, 2519, 2593, 2597, 2618, 2634, 2680, 2842, 2869, 2905, 2907, 2914, 2922, 2963, 2971, 2999, 3003, 3028, 3032, 3046, 3066, 3174, 3225, 3238, 3470, 3513, 3517, 3520, 3548, 3574, 3909, 3963, 3998, 4011, 4013, 4019, 4062, 4128, 4131, 4198, 4221.
Calvi (environs de) : 621.
Calvinet (Cantal) : 164.
Camargue (la) : 3056, 3365, 3374, 3508, 3512, 3791.
Cambasque (Pyrénées) : 260.
Cambasque (vallée de) : 1133, 1809, 2913.
Cambiel (port de) (Hautes-Pyrénées) : 1712.
Cambredase (Pyrénées) : 27, 145, 296, 1430, 1433, 1434, 1435, 1437, 1441, 1442, 1450, 1545, 1722, 1846, 1862, 1912, 1995, 2444, 2474, 2475, 2477, 2482, 2643, 2820, 2823, 2893, 3075, 3189, 3339, 3812, 3838, 3857, 4133, 4144.
Cambredase (lac de) (Auvergne) : 1606.
Cambredase (mont) vis-à-vis de Mont-Louis (Pyrénées) : 1357, 1713.
Camembert (Orne) : 747, 2448, 2558, 2857, 2875.
Camors : 80.
Campan : 3340.
Campan (vallée de) : 3542.
Campestre près du Vigan (Gard) : 2079, 2137, 3026, 3189, 3559.
Campigny (Eure) : 1843.
Campitello (Corse) : 548.
Campo-de-Loro (Corse) : 2748.
Campoléon le long du Drac : 936.
Campolitte : 2885, 2892, 2958, 3237.
Campolitte (mont) : 2925, 3038, 3354.
Campouladoux (Montpellier à) : 1585, 2751.
Canali-de-Lecca (Pyrénées-Orientales) : 2818.
Canau (port de) : 1716.
Cancale : 3557.
Cancalières près de Castres : 4096.
Canet près de Perpignan : 1575, 2437.
Canhonorat près le cap Cerbère : 2993.
Canigou (Pyrénées) : 5, 27, 43, 260, 301, 334, 437, 498, 591, 1387, 1426, 1432, 1434, 1435, 1534, 1595, 1622, 1631, 1665, 1780, 1806, 1810, 1824, 1843, 1848, 1862, 1870, 1907, 1912, 1930, 1949, 1997, 1998, 2185, 2237, 2292, 2376, 2377, 2444, 2468, 2554, 2643, 2761, 2820, 2870, 2893, 2989, 3025, 3031, 3043, 3180, 3228, 3372, 3435, 3461, 3504, 3727, 3749, 3838, 3858, 3866, 3921, 3975, 4038, 4040, 4041, 4060, 4082, 4133, 4134, 4136, 4142, 4144, 4148.
Canigou : à la Jace-de-Cady, Cambredase, Carlitte, col de Tortos, Esquierry, Gavarnie, lac Bleu, Llaurenti, mont Béost, pic du Midi, Portell-de-la-Noux, port de la Picade, ports d'Oo et de Bénasque, vallée d'Eynes, vallée de Galbe, 3812.
Canigou (du) au Salut : Coum-del-Tech, Fraichinède, Houle-du-Marboré, mont Llaurenti près de l'Etang, Mont-Louis, Pis-de-la-Tronque, Salvanaire, Très-Seignous, 2555.
Canillo (de) à Salden : 1933.
Can-Mouratou-de-Ribeil (route de la Muga à Saint-Aniol et). *V.* Saint-Aniol.
Cannes : 199, 404, 485, 510, 671, 734, 736, 795, 822, 833, 840, 845, 890, 946, 992, 997, 1069, 1121, 1346, 1372, 1376, 1476, 1542, 1592, 1816, 1819, 1839, 1852, 1861, 1917, 1979, 2010, 2131, 2161, 2168, 2427, 2439, 2579, 2599, 2623, 2850, 2959, 2961, 2983, 3028, 3032, 3065, 3069, 3241, 3285, 3390, 3396, 3398, 3432, 3445, 3446, 3454, 3458, 3484, 3486, 3496, 3523, 3573, 3594, 3612, 3720, 3765, 3768, 3837, 3861, 3869, 3903, 3908, 3909, 3956, 3959, 3960, 3987, 3990, 4013, 4016, 4018, 4019, 4061, 4094, 4096, 4103, 4107, 4126, 4128, 4157, 4167, 4171, 4194, 4196, 4197, 4221, 4284, 4285.
Cannes : cap de la Croisette, 3868.
Cannes (forêt de) (Tarn) : 1665.
Canneville : 128, 3005, 3921.
Cantal : 22, 146, 537, 551, 553, 696, 1058, 1163, 1206, 1242, 1274, 1294, 1307, 1308, 1378, 1388, 1399, 1511,

1520, 1563, 1674, 1675, 1757, 1803, 1808, 1843, 1844, 1848, 1930, 2039, 2044, 2048, 1066, 2185, 2237, 2278, 2378, 2385, 2386, 2400, 2425, 2447, 2448, 2456, 2484, 2492, 2814, 2818, 2902, 3021, 3146, 3202, 3210, 3331, 3372, 3461, 3504, 3507, 3519, 3587, 3623, 3634, 3641, 3722, 3751, 3754, 3758, 3775, 3899, 3921, 4026, 4133, 4140, 4144, 4146, 4148, 4264.

CANTAL (chaîne du) : 1803, 1808, 1867, 1871.

CANTAL : col de Cabre, 2287.

CANTAL : col de Cabre, le Plomb, Puy-Mary, 1531.

CANTAL : le Lioran, pente du Plomb, Prade-Bouc, Puy-Mary, 806.

CANTAL : le Plomb, Puy-Mary, 546.

CANTAL : Liran, Raon-de-la-Croix, 249.

CANTAL (montagnes du) : 1444, 1499, 1617, 2240, 4091.

CANTAL (chaîne des montagnes du) : 3228.

CANTAL : pentes du Plomb, Puy-Mary, 1995.

CANTAL (Plomb du) : 482, 2311, 2989, 4038.

CANTAL : Puy-Mary, etc., 2813.

CANTAL : vallée de Massiac à Murat, 2071.

CAPITOUL (le) : 2154.

CAPOULADOUX près de Montpellier : 2393, 2491, 2752.

CAPROLINE (entre) et Pont-à-la-Leccia : 180.

CAPSIR : 1529, 1666, 2451, 2824, 3857.

CAPSIR (de) à Biaritz. V. Biaritz.

CARABILLON près de Falaise : 1808.

CARANÇA (Pyrénées) : 2376, 3838.

CARCANET (Pyrénées-Orient.) : 1669, 2237.

CARCASSONNE : 21, 1819, 2113, 2128, 2150, 2606, 2809, 3226, 3267.

CARCASSONNE (entre) et Narbonne : 894.

CAREIL : 3053.

CARENTAN : 695, 2567.

CARGHÈSE : 483, 2026, 3514.

CARLITTE (Canigou) : 3812.

CARLITTE au Llosel : 2376.

CARLITTE (lacs de) (Pyrénées) : 3715, 4133.

CARNADE (ruisseau de) (Gironde) : 2432.

CAROL (val de) près de Mont-Louis : 1430, 2036.

CAROL (Mont-Louis au val de) : 124.

CAROUX (rochers de) : 2875.

CARPENTRAS : 3118, 3233, 3243, 3261, 3390, 3510, 3526, 3869, 3919, 3923, 3958, 3999, 4000, 4060, 4094, 4188, 4199, 4206.

CARPENTRAS (bords du Lozon à) : 3969.

CARSIS (Eure) : 2560.

CARTERET (Manche) : 468, 562, 3055, 3088.

CARTERET (de) à Baubigny (Manche) : 457.

CARTERET (falaises du) (Manche) : 403, 937, 1469, 3052, 3053, 3525, 4058, 4196.

CARTERET (falaise du) (presqu'île de la Manche) : 3052, 3053, 4058.

CASAMACCIOLI (Corse) : 2719, 2925.

CASAS-DE-PENA près Perpignan : 569, 843, 856, 1109, 2107, 3027.

CASAU-D'ESTIBA (Hautes-Pyrénées) : 1433, 1434, 1447, 1739, 2185, 2276, 2313.

CASAU-D'ESTIBA (mont de) : 2810.

CASAVROSOULET (bergerie de) (Corse) : 2781.

CASCADIE (au-dessus de) de Pisse-de-Rose (Pyrénées) : 2929.

CASCATEL (Aude) : 877, 993, 995.

CASCATEL (bois de) à 4 kilomètres du village du même nom (Aude) : 390.

CASCATEL (forêt de) près de Sijean : 387.

CASSÉ (vallon du pont du) (Lot-et-Garonne) : 3625.

CASSET (au-dessus du) (Alpes du Dauphiné) : 2343.

CASSIS (Bouches-du-Rhône) entre Collioures et Banjuls-de-Mer : 1470.

CASSIS (chemin de) (Marseille) : 3224.

CASTANÈS, CASTANÈSE. V. Castanèze.

CASTANÈZE (Pyrénées) : 540, 1016, 1020, 1041, 1052, 1545, 1568, 1637, 1824, 1847, 1952, 2000, 2078, 2376, 2643, 2649, 2820, 3030, 3031, 3202, 3726, 3814, 3878.

CASTANÈZE (montagnes de) : 3726.

CASTANÈZE (torrent de) : 2050.

CASTELET (Pyrénées) : 1415, 1446, 1450, 1736, 2237, 2820, 2831, 3329, 3338, 3461.

CASTELLANE : 197, 429, 465, 478, 517, 578, 831, 1344, 1696, 1788, 1967, 2070, 2073, 2112, 2906, 3193, 3194, 3252, 3402, 3406, 3407, 3868, 4023, 4099, 4104, 4118, 4170, 4200.

CASTELLANE (environs de) : 596.

CASTELLANE (Var) : 2487.

CASTELNAU (Gers) : 3555.

CASTELNAU près de Montpellier : 9, 878, 1485, 2530.

CASTELNAUDARY : 1819.

CASTEL-SARRAZIN : 1593, 1603, 1843, 3937, 3961, 4212.

CASTELWALD (Alsace) : 1969.

CASTIGNEAU près de Toulon : 2163, 3690.

CASTILLON (Calvados) : 2789.

CASTILLON près de Rémoulins (Gard) : 3443.

CASTILLONNÈS (Lot-et-Garonne) : 598.

CASTRES (Tarn) : 110, 833, 1593, 3396, 4170.

CATALANS (Marseille) : 3224.

CAU-D'ESPADA (Hautes-Pyrénées) : 1433, 1434, 1441, 1447, 1739.

Caudran près de Bordeaux : 4008.
Caumale (pied de) (Pyrénées) : 2481.
Caumale (pique de) : 2204.
Caunelle près de Montpellier : 3233.
Causse-Mejan au-dessus de Monteil : 1872, 1881, 3231.
Causses (escarpements des) (Lozère) : 1435.
Causson près de Digne : 4200.
Cauterets (Pyrénées) : 642, 740, 744, 1356, 1451, 1564, 2077, 2078, 2351, 2474, 2712, 2806, 2913, 3261, 3500, 3878, 3919, 4099, 4120.
Cauterets (au-dessus de) : 3811.
Cauterets (vallée de) : 1446.
Caux (pays de) : 700.
Cavaille (en face de l'île) (Corse) : 3744.
Cavaillon (entre) et Avignon. *V.* Avignon.
Cavallo (île de) (Corse) : 636, 1467, 1559, 1575, 2064, 2150, 3047, 3995.
Caville (Gironde) : 3913.
Caylus (château de) (Tarn) : 2725.
Cazan (étang de) (Landes) : 3790.
Cazarilles près de Bagnères-de-Luchon : 1816, 4120.
Cazarilles (montagnes de) : 518.
Cazarilles (rochers de) : 2230.
Cazau (bois de) à Vieille (Pyrénées) : 2831.
Cazau (étang de) (Gironde) : 2371.
Cazavrozoulé-sur-Corté (Corse) : 2148.
Cazerille (à la) (Pyrénées) : 322.
Céaux (Manche) : 499.
Ceillac-sur-Guillestre (Hautes-Alpes du Dauphiné) : 1454, 2351.
Célé (bords du) près de Figeac (Lot) : 1371.
Célestins (butte des) près Mantes : 1011.
Cenis (mont) : 2564, 4049.
Censeau : 2076.
Centre (rare dans le) : Creuse, Puy-de-Dôme, 1587.
Cerbère (cap) (Pyrénées-Orientales) : 538.
Cerdagne française : 902.
Cérès (landes de) près de Gap : 1848.
Céret (Pyrénées-Orientales) : 211, 2427, 3028, 3255, 3261, 3267, 3818.
Cernay (Alsace) : 154, 2699, 3426.
Cervan (Nièvre) : 3823.
Cervières (vallée de) en Briançonnais : 1458, 2735.
Cervione (Corse) : 507, 548, 2840, 3266.
Cervione (mont) (Corse) : 927, 2591, 2643.
Cervione (pied du) : 1518.
Cessas (Gironde) : 3913.
Cette (Hérault) : 151, 344, 398, 647, 677, 827, 840, 845, 881, 889, 892, 893, 976, 1108, 1128, 1354, 1463, 1488, 1575, 1579, 1724, 1744, 1771, 1816, 1841, 1897, 1926, 1934, 1942, 1963, 1968, 2010, 2017, 2025, 2070, 2093, 2116, 2120, 2122, 2126, 2139, 2149, 2150, 2159, 2181, 2198, 2239, 2265, 2369, 2617, 2672, 2834, 2837, 2863, 2866, 2891, 2969, 2992, 3018, 3024, 3032, 3058, 3059, 3067, 3069, 3086, 3120, 3121, 3127, 3225, 3238, 3241, 3261. 3428, 3508, 3512, 3573, 3691, 3728, 3765, 3788, 3818, 3837, 3890, 3904, 3916, 3963, 3990, 4000, 4061, 4107, 4109, 4157, 4195, 4206, 4211.
Cette (de) à Narbonne) : 1341.
Cette (entre) et Montpellier : 3951.
Cette (montagne de) : 2228.
Cévennes : 26, 40, 61, 90, 99, 125, 132, 237, 240, 249, 256, 268, 269, 279, 290, 295, 305, 312, 323, 340, 342, 346, 396, 447, 497, 537, 545, 553, 572, 597, 695, 699, 750, 753, 800, 813, 835, 853, 859, 921, 1011, 1029, 1033, 1053, 1067, 1112, 1117, 1171, 1218, 1219, 1224, 1301, 1401, 1417, 1435, 1530, 1602, 1613, 1658, 1757, 1879, 1881, 2030, 2072, 2137, 2152, 2330, 2393, 2448, 2746, 2905, 2916, 3020, 3200, 3360, 3452, 3580, 3837, 3855, 4190, 4232, 4255, 4264.
Cévennes : Alais, Hort-Diou, la Grande-Combe, le Born, l'Espérou, le Vigan, Mende, 3023.
Cévennes : Barre, Florac, 1930.
Cévennes Basses-) : 3233, 3374.
Cévennes : Benèze (Gard), Saint-Guilhem-le-Désert, 3363.
Cévennes (chaîne des) : 1219, 1828, 1866, 1914, 2093.
Cévennes : Campestre, 3026.
Cévennes (dans les) jusqu'à Aumessas et Anduze : 3217.
Cévennes : Florac, Mende, Vebron, 1537.
Cévennes : la Sérane, 3030.
Cévennes : l'Espérou, Mende, 3041.
Cévennes : Mende, Sainte-Enimie, 331.
Cévennes près de Caraux : 3376.
Cévennes (remonte dans les) jusqu'à Anduze. *V.* Anduze.
Cévennes (remonte dans les) jusqu'à Aumessas. *V.* Aumessas.
Chaberton (mont) (Alpes) : 2408.
Chadieu (bois de) : 1814.
Chai (le) près Surgères (Charente-Inférieure) : 2951.
Chai (pointe du) (Charente-Inférieure) : 1602, 2199.
Chaillé : 689, 997.
Chaillé-le-Marais (Vendée) : 647, 1011, 1484.
Chaillot-sur-Gap : 18, 1013, 1022, 2822, 4038.
Chaillot (mont) près de Gap : 27, 577, 1177, 2556, 2644, 4080.

Chaillot-le-Vieil près de Gap : 704, 1018, 1024, 1026, 1127, 1371, 1621, 1794, 1847, 1863, 1887, 1998, 2475, 2752, 3020, 4134.
Chailloué (Orne) : 2560.
Chailluz (bois de) près de Besançon : 4291.
Chalet-de-Ruine au Viso : 1454.
Chalet-de-Ruine (au-dessus du) : 1425.
Chalet-de-Ruine près le col du Viso (sous le) : 2815.
Challain : 3802.
Challans (Vendée) : 963.
Chaloché : 3775, 3806.
Chalonnes (Maine-et-Loire) : 218, 860, 937, 1297, 1554, 1843, 2692, 2881, 2904, 2943, 2980, 3437, 3892, 4010.
Chalons : 826.
Chalons (route de) à Mâcon : 2714.
Chalons-sur-Marne : 44, 1974, 2173.
Chalons-sur-Saone (vallées du Rhône et de ses affluents jusqu'à) : 4214.
Chaltrait (Marne) : 1212, 1213, 1290, 1504, 2061.
Chamagne (Vosges) : 3823, 3831.
Chambard : 2980.
Chambéry : 461.
Chambéry (Alpes entre Grenoble et). V. Alpes.
Chambolle (Côte-d'Or) : 333.
Chamboran (bois de) entre Roybons et la Verne (Isère) : 2435.
Chambord : 1554, 2862, 3808.
Chambord (parc de) : 3541.
Chamboy (Orne) : 67, 797, 2683.
Chambraud près d'Ahun (Creuse) : 357, 1620, 3795.
Chambre-d'Amour près de Bayonne : 704*, 1549.
Chambre-d'Amour près de Biaritz : 1469.
Chambrille près de Lamothe-St-Heray (Deux-Sèvres) : 3882.
Chamechaude (Alpes du Dauphiné) : 59, 212, 435, 1181, 1632, 1907, 2458, 3412, 3501, 3922, 4088, 4137.
Chamousny (Alpes du Dauphiné) : 3391.
Champagne : 969, 1029, 1099, 1117, 1224, 1227, 2047, 2257, 3203, 3211, 3615, 3617, 3871.
Champagne : Aulnay-aux-Planches, Châlons, Sezanne, Moronvilliers, Troyes, 826.
Champagne : Chaltrait, monts Dores, 1290.
Champagne (côtes de) : 4192.
Champagne : entre Champillon et Dizy, 1000.
Champagne (toute la) : 440.
Champagnole (Jura) : 1563, 1960.
Champagnoles (Doubs) : 3849.
Champ-du-Feu (Alsace) : 1297, 1866, 2058, 2098, 2289, 3859.
Champ-du-Feu (massif du) au Nunterstein (Alsace) : 1241, 1242.
Champeix (route de) à Saint-Nectaire (Puy-de-Dôme) : 418.
Champey (Haute-Saône) : 3831.
Champigneules (près de Nancy à) : 1614.
Champillon (entre) et Dizy-la-Rivière (Champagne, canton d'Ay) : 1000.
Champoléon : 2928.
Champoléon (le fond du) : 2420.
Champosoult (Orne) : 2558, 2560.
Champouladoux près Montpellier : 1113.
Champ-Rougier (Jura) : 3791.
Champ-Rousse près de Grenoble : 1565, 1666, 1826, 2095, 2185, 2549, 3838, 3879.
Champ-Rousse sur Vizille : 62.
Champsaur (le) (Dauphiné) : 27, 224, 488, 1026, 1164, 1414, 1437, 1487, 1538, 1678, 1709, 1714, 1759, 2128, 2380, 2474, 2488, 2564, 2577, 3186, 3318, 3339, 3340, 3353, 4035, 4141.
Champsaur (Alpes du) (Dauphiné) : 2399.
Champsegret (forêt de) près de Caen : 3394.
Champs près de Grenoble : 912, 1941, 1973, 2923.
Champ-Saint-Père (le) (Vendée) : 4023.
Champtoceaux : 1554.
Chantelouve : 187, 1025, 1026.
Chantilly : 128, 156, 1770, 1815, 3886.
Chantran-de-Beaumont (Vienne) : 4190.
Chapelle (la) (Lot) : 830.
Charade (Auvergne) : 1067.
Charance près de Gap : 2080.
Charbonnières : 1504.
Chardonchamps (Vienne) : 851.
Charons près de Gap : 358.
Charente (bords de la) : 3790.
Charente : Cognac, Jarnac, 3653.
Charente (embouchure de la) : Fauras, la Rochelle, 3952.
Charente-Inférieure : 766, 1973, 2461, 2951, 3226, 3533, 3543, 3573, 3829, 3843, 3882, 3892, 3913, 3989, 4023, 4040, 4048, 4058, 4098, 4120, 4190, 4192.
Charente-Inférieure (littoral de la) : 3790.
Charente-Inférieure : Montendre, rochers de Velluire, Surgères, 1815.
Charentilly (Indre-et-Loire) : 4040.
Charenton (îles de la Seine) : 2699.
Charly (environs de Paris) : 3802.
Charmovillers (Jura) : 2066.
Charousse (Dauphiné) : 496, 497, 1852, 1942, 2082, 2475, 2554, 3367, 3412, 4037.
Charpennes (environs de Lyon) : 2949.
Charroux (forêt de) (Vienne) : 3230.
Chartreuse-de-Valbonne (Gard) : 1585, 1968, 3196.

Chartreuse-de-Valbonne près du pont Saint-Esprit : 1507, 1835.
Chartreux (carrière des) : 2978.
Charves au-dessous de Voreppe : 3075.
Charvieux (Isère) : 3379, 3715, 3791.
Charvieux près de Lyon : 3675.
Chassagnes : 1301.
Chasseral : 2266, 2429.
Chasseral (mont) : 2814.
Chasseron (le) (Jura) : 600, 2399.
Chateau-Arnoux près de Sisteron (Provence) : 539, 1645, 2025.
Chateaubourg près de Tournon (Ardèche) : 823.
Chateaubriant : 46, 48, 218.
Chateau-Double (Var) : 2380.
Chateaudun : 3023.
Chateau-Gaillard près d'Andelys (Eure) : 398, 401, 465, 766.
Chateau-Gombert près de Marseille : 687, 694.
Chateau-Gontier (Mayenne) : 1842, 2046.
Chateau-Landon (Seine-et-Marne) : 210, 3899.
Chateauneuf : 313, 826, 1593, 2079.
Chateaupane : 3848.
Chateau-Pignon : 1564.
Chateau-Quayras : 209, 780, 1007.
Chateau-Salins : 1614, 3122, 3800.
Chateauvieux près de Gap : 1508.
Chatel (bois de) près de Metz : 1055.
Chatel-sur-Moselle : 3920.
Chatellerault : 1103, 1593, 1974, 2037, 2046, 2687, 3226, 3228, 3795, 3989, 4062, 4098.
Chatillon (au-dessus de) : 3376.
Chatillon près de Saint-Florent (Cher) : 3882.
Chatillon-sur-Seine : 1960.
Chaudefour (Auvergne) : 1531, 1997.
Chaudefour (vallée de) : 1295.
Chaudun près de Gap : 743, 1186, 1741, 2279.
Chaufour (pentes du) : 2287.
Chaumont près d'Angers : 3776.
Chaumont (Oise) : 2040.
Chaussey (grande île de), pointe méridionale : 2434.
Chaussey (îles) : 171, 704, 714, 792, 3258.
Chaussin (Bresse) : 3381.
Chaussin (Jura) : 4020.
Chavannes (Cher) : 2397, 2951.
Chavannes (bois de) (Cher) : 4023.
Chenay (bois de) (Marne) : 3866.
Chenebier (forêt de) : 3848.
Chêne-Brulé (plaines du) près de Montmorillon : 2201.
Chef-de-Baie (Vendée) : 647.
Cher : 1067, 1155, 1168, 1195, 1205, 1233, 1815, 1973, 2008, 2257, 2397, 2756, 2800, 3177, 3204, 3226, 3228, 3281, 3444, 3448, 3496, 3583, 3615, 3629, 3736, 3797, 3800, 3915, 3919, 3936, 4010, 4023, 4060.
Cher (bords du) : 1318.
Cher : Fussy et Herry, 3489.
Cher (îles du) : 1833.
Cher (sables du) à Saint-Florent : 3782.
Cher : Saint-Florent, 3892.
Cher (vallée du) : 1974, 3311.
Cherbourg : 49, 95, 102, 158, 200, 201, 203, 357, 367, 403, 499, 559, 682, 714, 735, 903, 950, 982, 1146: 1191, 1311, 1391, 1468, 1469, 1553, 1576, 1593, 1717, 1843, 1972, 2086, 2087, 2370, 2421, 2435, 2523, 2538, 2559, 2602, 2711, 2789, 2793, 2865, 2904, 3054, 3055, 3203, 3523, 3525, 3545, 3557, 3628, 3889, 3890, 3892, 3997, 4058, 4098, 4120, 4196, 4209, 4214, 4266, 4286, 4291.
Cherbourg (côtes de l'Océan depuis Bayonne jusqu'à) : 200, 203.
Cherbourg (de) à Bayonne. *V.* Bayonne.
Cherbourg (de) aux Eaux-Bonnes : 4250.
Cherbourg (l'Ouest jusqu'à) : 3199.
Cheviers (Orne) : 641.
Chezalet (pont de) près d'Ahun (Creuse) : 2689.
Chicheboville : 2558.
Chichiliane en Oysans : 2171, 2707.
Chinon : 3226, 3855, 4099.
Choeurs (forêt de) (Indre) : 3802.
Cholet : 1121, 3228, 3892, 4024.
Cindre (mont) près de Lyon : 814.
Cinglais (forêt de) : 105, 2448.
Cinto (mont près Niolo Corse) : 71, 808, 1847, 2775, 2933, 3520.
Cintro (mont) : 2457.
Ciotat (la) près de Toulon : 494, 856, 1132, 1406, 2025, 2624, 2869.
Ciotot (fort de) (Manche) : 146.
Cirey (Côte-d'Or) : 1087, 3831.
Cissac. *V.* Carnade : 2432.
Cissac (de Bordeaux à). *V.* Bordeaux.
Citeaux (Côte d'Or) : 2755, 3105, 3792, 3802, 3823, 3839, 4276.
Citeaux (étangs de) : 3782, 3915.
Civray : 1059, 4210.
Clairet (Toulon) : 1109, 2190.
Claix près de Grenoble : 826, 3510, 3575.
Clappe (la) près de Narbonne : 289, 463, 542, 569, 680, 685, 727, 1512, 2107, 2108, 2154.
Clarabide (port de) (Pyrénées-Orientales) : 8.
Clécy : 2742.
Clermont : 149, 188, 1655, 2904.
Clermont-Ferrand : 228, 2109, 2230, 2698, 2703, 2704, 3087, 3797, 4073.

Clos-du-Tors (Pyrénées-Orientales) : 1432, 1434, 2724.
Cloué (Indre) : 1059.
Cluny (Saône-et-Loire) : 1067, 1843, 2008, 2240, 2272, 2921, 3802, 3930, 4026, 4091, 4170.
Cluny (étang de) : 3915.
Cluny (vallée de la Saône jusqu'à) : 3991.
Cluse (la) : 187.
Coche (col de la) : 3043.
Cocheron : 1831, 3122.
Cochette (la) : 2343.
Cœur : 1974, 2046, 2918.
Cœurs (lac de) : 4137.
Cognac : 3653.
Col-de-Jau : 1414.
Colette-Verte : 1454.
Collet (au) : 2831.
Colliard près de Nantua : 3773, 3775.
Collioures : 89, 170, 239, 376, 392, 522, 538, 541, 674, 795, 822, 878, 881, 912, 990, 1066, 1069, 1081, 1082, 1121, 1342, 1347, 1381, 1444, 1542, 1554, 1744, 1968, 1976, 1987, 2031, 2110, 2150, 2181, 2312, 2388, 2389, 2488, 2606, 2623, 2735, 2840, 2961, 2971, 2972, 3018, 3022, 3028, 3037, 3041, 3042, 3238, 3244, 3255, 3402, 3413, 3431, 3453, 3455, 3525, 3600, 3604, 3627, 3765, 3837, 3957, 3959, 3998, 4004, 4013, 4014, 4096, 4122, 4127, 4183, 4196, 4235, 4265.
Collioures (à) sur la côte dominant la ville du côté de Perpignan : 2365.
Collioures (de Nice à) : 1781.
Collioures (entre) et Banjuls-de-Mer. *V.* Banjuls-de-Mer.
Collobrières (Var) : 322.
Colmar : 14, 154, 165, 276, 425, 428, 1169, 1180, 1181, 1197, 1198, 1199, 1250, 1304, 1382, 1508, 1668, 1774, 1798, 1947, 2046, 2086, 2094, 2109, 2207, 2272, 2563, 2642, 2705, 2755, 2943, 3433, 3629, 3792, 3797, 3822, 3831, 3919, 3920, 3970, 4077, 4161.
Colmar : Benfeld, 3535.
Colmars (Basses-Alpes) : 101, 539, 1567, 1622, 1823, 2070, 2094, 2207, 2343, 2398, 2642, 2932, 3001.
Colmars (Alpes de) : 2305.
Colombier (le) (Jura) : 2854, 3644, 4145.
Colombier (mont) (Ain) : 771, 859, 1492, 1537, 1563, 1595, 1808, 1961, 2828, 3878, 3880.
Colombier (mont) (Dauphiné) : 1837.
Colombier (mont) (Jura) : 2066, 2076.
Colomiers (Haute-Garonne) : 2434.
Colon près de Grenoble : 112.
Colonges près de Lyon : 1297.
Col-Vieux au-dessus de Molines : 2165.
Col-Vieux (Quayras) : 2815, 2819.
Cols entre la vallée de Cervières et celle du Quayras : 2479.
Combe-Chauve (bois de la) près Guillestre : 2451.
Combe-de-la-Lance : 2444, 2475.
Combe-Noire près de Dijon : 1878.
Comboire : 3510.
Combrée : 3776.
Come (mont de) (Cantal) : 146.
Commercy : 1000, 2061, 3189, 3930, 4101.
Compiègne : 28, 102, 271, 1770, 1777, 2649, 3866, 3871, 3882, 3886.
Compiègne (forêt de) : 3848.
Compiègne (Verrerie à) : 128.
Comps (Cincle-de-) (Pyrénées) : 2818.
Comps (Fonds-de-) (Pyrénées) : 197, 291, 541, 550, 601, 727, 807, 851, 1450, 1703, 1756, 1907, 1949, 2022, 2264, 2276, 2393, 2451, 2870, 2930, 3075, 4041.
Comps (forêt de) (Pyrénées) : 1171, 2346.
Cona-del-Tesch (mont) (Pyrénées) : 65.
Conat (mont) : 291.
Conat (vallée de) : 1949, 2142, 2870, 3193.
Conches (forêt de) (Eure) : 271.
Concoule (Gard) : 1499.
Condat près d'Agen : 2150.
Condé-sur-Noireau : 1358.
Condom (mont) près Toulon : 179.
Conflent (le Bas-) au pied des Pyrénées-Orientales : 108.
Conflent (le) (Roussillon) : 378.
Confolans (bois de) près d'Aubusson (Creuse) : 1867.
Conquet (le) : 373, 3055.
Consolation : 4265.
Consolation (au-dessous de) : 2312.
Contes (entre) et Bayonne. *V.* Bayonne.
Coquille (source de la) (Côte-d'Or) : 2745.
Coquille (vallon de la) près d'Etalante (Côte-d'Or) : 1701.
Coranson : 2923.
Corbières (Basses-) : 874, 995.
Corbières (Basses-) à Cascatel : 877.
Corbières (Basses-), à 8 kilomètres de Carcassonne : 21.
Corbières (les) : 569, 1975, 2023, 2152, 2247, 2393, 2429, 3006, 3374, 3522.
Corbières (les) à Saint-Paul-de-Fenouillèdes : 905.
Corbières (les) (Aude) : 778.
Corbières (les) près Albières : 2753.
Corbières (les) près de Perpignan : 1938.
Corbison (mont) : 1756.
Corbon (vallée de) (Orne) : 126.
Corent : 1967.
Cornebarieu : 3501.
Cornelia (Pyrénées-Orientales) : 2869.

Corniche (sous la) au mont Seine (Alpes) : 3431.
Cornus (Aveyron) : 3404.
Corny près de Metz : 2881, 2943.
Corona (mont) (Corse) : 1997.
Corps : 1014.
Corrèze : 1224, 3226, 3477, 4290.
Corsac près de Mende : 1490, 2918.
Corsac (montagnes de) : 813.
Corse : 4, 26, 29, 34, 36, 38, 71, 77, 78, 82, 84, 86, 87, 89, 90, 91, 94, 97, 104, 122, 130, 139, 148, 151, 155, 160, 177, 180, 184, 192, 199, 203, 204, 217, 222, 245, 247, 252, 259, 263, 268, 282, 284, 285, 308, 324, 339, 349, 354, 371, 377, 380, 381, 385, 391, 403, 404, 408, 420, 436, 438, 447, 454, 469, 471, 473, 479, 483, 484, 485, 486, 487, 489, 490, 491, 492, 493, 497, 499, 505, 506, 507, 508, 510, 512, 521, 530, 533, 548, 549, 565, 574, 588, 589, 590, 599, 618, 619, 621, 625, 626, 636, 644, 646, 650, 652, 658, 675, 680, 682, 683, 684, 686, 698, 699, 712, 714, 715, 716, 717, 718, 720, 722, 724, 734, 745, 746, 747, 764, 765, 767, 779, 782, 790, 794, 795, 796, 802, 808, 810, 817, 822, 827, 831, 833, 838, 845, 847, 849, 850, 853, 854, 856, 857, 858, 860, 861, 862, 869, 872, 876, 881, 887, 889, 890, 891, 894, 896, 898, 903, 907, 908, 910, 912, 916, 922, 923, 929, 931, 932, 933, 937, 938, 944, 946, 947, 949, 951, 961, 965, 972, 983, 984, 989, 990, 992, 997, 998, 1014, 1015, 1028, 1034, 1045, 1047, 1048, 1054, 1057, 1063, 1065, 1066, 1067, 1069, 1071, 1073, 1077, 1080, 1081, 1082, 1083, 1087, 1089, 1105, 1106, 1108, 1111, 1114, 1128, 1129, 1132, 1138, 1167, 1172, 1194, 1199, 1219, 1230, 1288, 1296, 1297, 1308, 1322, 1328, 1341, 1346, 1347, 1351, 1359, 1372, 1373, 1376, 1380, 1382, 1387, 1388, 1405, 1407, 1413, 1423, 1428, 1432, 1434, 1463, 1466, 1468, 1469, 1470, 1473, 1476, 1482, 1483, 1487, 1494, 1502, 1512, 1518, 1519, 1531, 1535, 1543, 1550, 1553, 1554, 1559, 1562, 1565, 1570, 1575, 1576, 1579, 1584, 1589, 1593, 1596, 1601, 1613, 1619, 1627, 1633, 1641, 1643, 1650, 1653, 1655, 1662, 1665, 1666, 1667, 1683, 1685, 1686, 1687, 1688, 1734, 1740, 1746, 1749, 1750, 1763, 1765, 1771, 1773, 1775, 1782, 1799, 1802, 1803, 1812, 1816, 1817, 1818, 1819, 1838, 1839, 1841, 1845, 1852, 1853, 1855, 1858, 1861, 1879, 1880, 1898, 1901, 1904, 1907, 1910, 1913, 1918, 1919, 1922, 1925, 1926, 1927, 1931, 1934, 1935, 1938, 1948, 1950, 1962, 1968, 1976, 1979, 1981, 1988, 1989, 1991, 1997, 2010, 2016, 2017, 2021, 2023, 2024, 2026, 2033, 2062, 2063, 2064, 2065, 2091, 2116, 2117, 2119, 2126, 2129, 2133, 2139, 2145, 2148, 2149, 2150, 2153, 2164, 2165, 2166, 2167, 2168, 2175, 2178, 2179, 2182, 2220, 2248, 2250, 2251, 2252, 2257, 2258, 2259, 2260, 2292, 2310, 2353, 2355, 2361, 2372, 2373, 2379, 2388, 2389, 2404, 2422, 2427, 2438, 2439, 2441, 2451, 2457, 2490, 2491, 2505, 2514, 2516, 2519, 2525, 2532, 2540, 2544, 2545, 2552, 2554, 2570, 2575, 2578, 2579, 2588, 2591, 2593, 2597, 2600, 2605, 2618, 2621, 2623, 2624, 2625, 2634, 2643, 2665, 2680, 2681, 2710, 2719, 2728, 2729, 2731, 2732, 2733, 2743, 2748, 2764, 2773, 2775, 2776, 2779, 2781, 2801, 2807, 2808, 2809, 2840, 2842, 2849, 2865, 2869, 2885, 2891, 2892, 2899, 2901, 2903, 2905, 2906, 2910, 2912, 2914, 2915, 2921, 2922, 2925, 2932, 2933, 2935, 2950, 2956, 2957, 2958, 2961, 2963, 2967, 2971, 2983, 2987, 2993, 2997, 2999, 3000, 3003, 3009, 3013, 3018, 3022, 3024, 3028, 3032, 3045, 3046, 3047, 3056, 3057, 3061, 3063, 3064, 3087, 3089, 3095, 3101, 3120, 3154, 3174, 3187, 3197, 3198, 3220, 3221, 3222, 3223, 3225, 3228, 3234, 3237, 3238, 3240, 3244, 3248, 3257, 3259, 3261, 3265, 3266, 3283, 3284, 3285, 3299, 3302, 3314, 3356, 3357, 3363, 3366, 3373, 3390, 3392, 3394, 3410, 3414, 3415, 3417, 3427, 3431, 3432, 3438, 3452, 3453, 3454, 3455, 3456, 3457, 3458, 3468, 3470, 3483, 3497, 3498, 3513, 3514, 3517, 3520, 3524, 3538, 3539, 3543, 3548, 3549, 3561, 3572, 3573, 3574, 3589, 3594, 3597, 3600, 3604, 3605, 3606, 3609, 3616, 3627, 3647, 3650, 3654, 3659, 3662, 3698, 3699, 3702, 3703, 3718, 3728, 3729, 3731, 3741, 3744, 3753, 3754, 3758, 3761, 3763, 3765, 3771, 3772, 3779, 3785, 3788, 3794, 3798, 3837, 3845, 3846, 3861, 3869, 3875, 3882, 3889, 3890, 3891, 3892, 3901, 3902, 3904, 3907, 3908, 3909, 3915, 3919, 3921, 3929, 3936, 3944, 3959, 3960, 3963, 3965, 3974, 3976, 3977, 3979, 3985, 3987, 3990, 3995, 3997, 3998, 4004, 4006, 4011, 4013, 4016, 4019, 4051, 4061, 4062, 4066, 4080, 4088, 4096, 4098, 4103, 4104, 4108, 4110, 4111, 4114, 3121, 4122,

4126, 4127, 4128, 4130, 4134, 4144, 4158, 4183, 4190, 4198, 4206, 4210, 4211, 4218, 4221, 4226, 4227, 4229, 4230, 4235, 4237, 4238, 4239, 4241, 4244, 4245, 4250, 4253, 4254, 4257, 4258, 4259, 4260, 4261, 4262, 4263, 4265, 4266, 4284, 4285, 4294.
Corse méridionale : 506.
Corse (montagnes de) : 2491.
Corse (rivages de la) : 3087, 3785.
Corse (cap) : 259, 285, 369, 483, 489, 507, 521, 589, 590, 684, 767, 808, 810, 857, 892, 972, 1081, 1172, 1518, 1838, 1904, 1976, 2145, 2175, 2579, 2728, 2729, 2892, 2958, 2999, 3064, 3066, 3216, 3284, 3520, 4229.
Corse (montagnes du cap) : 1589.
Corté (Corse) : 239, 507, 510, 746, 765, 1328, 1382, 1387, 1423, 1502, 1584, 1596, 1775, 1802, 1816, 1938, 1948, 1950, 1988, 2017, 2021, 2063, 2126, 2139, 2175, 2220, 2259, 2354, 2438, 2490, 2552, 2591, 2873, 2905, 2963, 2971, 3003, 3008, 3238, 3259, 3266, 3470, 3514, 3520, 3762, 3763, 3837, 3846, 3891, 3959, 3998, 4019, 4098, 4158, 4206, 4285.
Corté (au-dessus de) : 1015, 2451.
Corté (chemin de) au Niolo : 3438.
Corté (entre) et le mont Rotundo : 1199.
Corté (de) à Vico : 3237.
Corté (entre) et Vico : 217.
Coscione (Corse) : 71, 217, 363, 1845, 2892, 2910, 2932.
Coscione (mont) : 134, 349, 359, 420, 508, 521, 714, 857, 1015, 1688, 1838, 2148, 2179, 2373, 2634, 2775, 2958, 3038, 3187, 3228, 3354, 3438, 4121, 4144.
Cospérous (Pyrénées-Orientales) : 2947.
Cossesseville (Calvados) : 2697.
Costa (Corse) : 1584.
Costa-Bona (Pyrénées) : 1404, 1430, 1432, 1434, 1441, 1712, 1756, 2292, 2444, 2474, 2482, 2824, 3461.
Cote-d'Or : 256, 279, 305, 342, 398, 411, 429, 501, 547, 642, 768, 818, 821, 859, 921, 969, 1087, 1112, 1167, 1212, 1218, 1224, 1227, 1358, 1379, 1445, 1593, 1606, 1755, 1774, 1798, 2047, 2201, 2289, 2375, 2421, 2423, 2426, 2447, 2454, 2575, 2649, 2750, 2756, 2795, 3034, 3111, 3186, 3210, 3383, 3409, 3445, 3452, 3478, 3546, 3581, 3583, 3629, 3637, 3642, 3661, 3715, 3753, 4085, 4291.
Cote-d'Or : Arnay, la Roche-en-Breuil, Saulieu, 1856.
Cote-d'Or : Autun, Cluny, 4091.
Cote-d'Or : Beaune, Dijon, 1537, 1968.
Cote-d'Or : Chassagne, Epoisses et Rouvray, 1301.
Cote-d'Or : Châtillon-sur-Seine, 1960.
Cote-d'Or : Citeaux, 2755, 4276.
Cote-d'Or : source de la Coquille, 2745.
Cote-d'Or : vallon de la Coquille près d'Etalante, environs de Saulieu, 1701.
Cote-d'Or : Gevrey près de Dijon, 1755.
Cote-d'Or : coteaux de Gouville près Dijon, Nuits, 2650.
Cote-d'Or : Longvay, étang de Santenay, Saulon-la-Rue, Talmay, 1974.
Cote-d'Or : vallons de Messigny et de Sainte-Foy, Combe-de-Notre-Dame-d'Etang, 1115.
Cote-d'Or : val de Suzon près de Dijon, 2076.
Cote-d'Or (chaîne de la) : 825.
Cote-d'Or (coteaux calcaires de la) : 1206.
Cote-d'Or (montagnes de la) : 779, 3869.
Cou (la) (Gap) : 1186.
Coudon près de Toulon : 289, 996.
Couëron (Loire-Inférieure) : 2598.
Cougons (lac de) (Htes-Pyrén.) : 1432, 1434.
Cougous (les) (Pyrénées) : 1739, 2185, 2474, 2476, 2482, 3075.
Couilladets-de-Saleix (Hautes-Pyrénées) : 1201.
Coujons (aux) (Pyrénées) : 2820.
Coulebrousse près de Seyne (Basses-Alpes) : 1135, 1448, 2932, 2945.
Coullade-de-Nourry (Pyrénées) : 325, 1862.
Coumalade (Pyrénées-Orientales) : 1430.
Coum-del-Tech (Pyrénées-Orientales) : 2555.
Coum-del-Tech (de Lollat à la) : 2476.
Coumebière (port de) (Pyrénées) : 1415, 2823, 3329.
Coume-d'Asparagon (Hautes-Pyrénées) : 1432, 1434.
Cour (vallon de la) (mont Dore) : 546.
Cour-Cheverni (Loir-et-Cher) : 3731.
Cournon (Auvergne) : 1967, 2951.
Coursay (Charente-Inférieure) : 766.
Courson près de Livarot (Calvados) : 128, 751, 2951.
Couse (entre Varennes et) (Dordogne) : 1593.
Coustonges (Pyrénées-Orientales) : 2607.
Coutances : 228, 549, 1810.
Coutances (route de) : 177.
Coutras (Gironde) : 3791.
Couzon près de Lyon : 2099, 2391, 2980.
Couzon (mont) près de Lyon : 814.
Crabère (Pyrénées) : 1665, 1717, 1756, 2276, 2313, 3180.
Crabère (mont) : 1387, 1431, 1632, 2406, 2444, 2818.

Crachet (col du) (Basses-Alpes) : 2141.
Crano (lac de) (Corse) : 2885.
Crau (la) (Bouches-du-Rhône) : 693, 1077, 1108, 1542, 1575, 1948, 1973, 2009, 2010, 2126, 2617, 3022, 3497, 4000.
Crécy : 157.
Crémieu (Isère) : 3849, 4023.
Crémieux près de Lyon : 827, 1786.
Creney (entre) et Luyères (Aube) : 1595.
Crennes (forêt de) près Argentan (Orne) : 36.
Créno (lac de) (Corse) : 486.
Créno (environs du lac) en montant à Campolitte : 2438.
Crépon (le) (Alpes du Dauphiné) : 187.
Crépy (Paris) : 1593, 2127, 3866, 3886.
Crépy-en-Valois : 1606, 3800, 3871.
Crest (Alpes du Dauphiné) : 2832.
Cret-de-Chalame (le) (Jura) : 435.
Creuse : 46, 105, 160, 161, 696, 793, 1236, 1241, 1274, 1290, 1392, 1587, 1717, 1843, 2370, 2375, 2448, 2687, 2689, 2697, 2698, 2702, 2704, 2705, 2779, 2793, 2875, 3306, 3383, 3394, 3409, 3477, 3615, 3800.
Creuse (montagnes de la) : 1617, 3859.
Creuse (rive gauche de la) : 412.
Creuse (rives de la) : 800.
Creuse (vallée de la) : 3228.
Creux-de-Miège près de Montpellier : 1512.
Creux-du-Van (Jura) : 57, 1163, 1171, 2347, 2445.
Creuzet (le) près et au-dessous de Revel (Dauphiné) : 5.
Crévic (Meurthe) : 3133.
Cristal (Mail-du-) (Pyrénées) : 145, 1426, 1431, 1436, 1441, 2313. 3482, 3934.
Croisette (cap de la) près Cannes : 510, 745, 3868.
Croisic près de Nantes : 1681, 2680, 2687, 3052, 3053, 3054, 3280, 3890.
Croix (col de la) près d'Abriès (Dauphiné) : 4142, 4143.
Croix-Haute (Drôme) : 2294.
Croix-Rousse (Lyon) : 372.
Crot-Monial en Charolais (prieuré de) : 518.
Crouptes (Orne) : 1311, 2448.
Crussol (Ardèche) : 3261.
Cuairat (pic) (Pyrénées) : 1436.
Cubières (Corbières) : 2389.
Cucullet (Hautes-Alpes du Dauphiné) : 410.
Cuffy (Cher) : 1067.
Cujes près de Toulon : 2574.
Custoja (Pyrénées-Orientales) : 794.
Cutona (Corse) : 2148.
Cuzeau (roc de) (mont Dore) : 806.

D

Dabo (depuis les montagnes de) et de Saint-Quirin jusqu'au ballon de Giromagny (Vosges) : 2185.
Dabo (vallée de) (Vosges) : 1511.
Dallet (Puy-de-Dôme) : 1967.
Dames (étang de Ville-aux-) (Tours) : 3792.
Dampierre près de Paris : 3829, 3831.
Darbon (forêt de) (Dauphiné) : 3877.
Dardilly près de Lyon : 1504.
Darin (mont) (Pyrénées) : 1875, 2630.
Dartal (forêt de) près d'Angers : 2699.
Dauphin (mont) (Dauphiné) : 209, 1008, 2230, 2246, 2380, 3020.
Dauphin (mont) (Franche-Comté) : 4073.
Dauphiné : 18, 28, 31, 44, 105, 131, 154, 156, 173, 209, 211, 212, 224, 225, 230, 232, 233, 237, 238, 240, 241, 243, 244, 253, 269, 271, 275, 279, 280, 292, 302, 313, 321, 342, 345, 346, 352, 370, 405, 429, 466, 475, 496, 505, 507, 514, 517, 528, 543, 545, 546, 547, 548, 553, 554, 571, 576, 584, 604, 650, 656, 696, 699, 700, 721, 753, 768, 788, 809, 826, 827, 853, 901, 921, 969, 970, 971, 1000, 1011, 1012, 1029, 1053, 1055, 1057, 1061, 1091, 1097, 1103, 1104, 1112, 1151, 1180, 1186, 1196, 1198, 1268, 1307, 1334, 1344, 1358, 1368, 1369, 1379, 1539, 1563, 1585, 1587, 1613, 1617, 1620, 1646, 1666, 1669, 1678, 1693, 1715, 1774, 1780, 1787, 1788, 1789, 1815, 1843, 1848, 1879, 1881, 1889, 1914, 1944, 1947, 1960, 1967, 1968, 1973, 1981, 2014, 2015, 2030, 2046, 2066, 2189, 2210, 2214, 2215, 2296, 2300, 2319, 2400, 2402, 2403, 2405, 2407, 2418, 2446, 2465, 2473, 2488, 2553, 2642, 2649, 2650, 2675, 2681, 2707, 2779, 2949, 3001, 3020, 3034, 3041, 3211, 3243, 3361, 3410, 3435, 3575, 3585, 3835, 3855, 3915, 3919, 3969, 4101.
Dauphiné (Bas-) : 106, 408.
Dauphiné (Haut-) : 488.
Dauphiné jusqu'à Gap : 2188.
Dauphiné méridional : 500, 785, 813, 916, 997, 1003, 1033, 1475, 1579, 1903, 1931, 2616, 2680, 2902, 2905, 2906, 2918, 3006, 4026.
Dauphiné (Alpes du) : 5, 8, 9, 13, 22, 23, 27, 32, 43, 57, 59, 102, 112, 127, 183, 187, 229, 242, 252, 259, 267, 268, 272, 283, 294, 295, 312, 323, 340, 401, 421, 495, 497, 498, 535, 536, 544, 565, 577, 582, 583, 586, 592, 593, 623, 627, 697, 730, 750, 780, 819, 824, 844, 848, 859, 860, 954, 1021, 1022, 1023, 1024,

1025, 1026, 1027, 1116, 1134, 1169, 1170, 1171, 1175, 1176, 1177, 1206, 1214, 1288, 1296, 1308, 1357, 1384, 1437, 1455, 1458, 1491, 1492, 1493, 1494, 1496, 1511, 1522, 1524, 1527, 1530, 1531, 1536, 1537, 1538, 1548, 1565, 1566, 1567, 1568, 1612, 1615, 1616, 1621, 1622, 1623, 1631, 1632, 1635, 1694, 1709, 1710, 1741, 1757, 1759, 1793, 1796, 1803, 1804, 1805, 1806, 1808, 1809, 1830, 1847, 1866, 1871, 1874, 1883, 1890, 1907, 1910, 1945, 1946, 1971, 2036, 2048, 2053, 2057, 2070, 2073, 2076, 2098, 2102, 2112, 2134, 2151, 2152, 2171, 2177, 2187, 2194, 2205, 2207, 2237, 2264, 2266, 2277, 2287, 2291, 2293, 2294, 2295, 2298, 2305, 2307, 2316, 2317, 2320, 2321, 2322, 2334, 2343, 2345, 2346, 2378, 2382, 2386, 2392, 2410, 2412, 2414, 2428, 2429, 2458, 2475, 2478, 2479, 2480, 2483, 2485, 2552, 2554, 2561, 2607, 2735, 2768, 2814, 2819, 2821, 2823, 2832, 2908, 2923, 2928, 2945, 2965, 2974, 2978, 2989, 3004, 3026, 3030, 3131, 3190, 3207, 3324, 3333, 3334, 3338, 3339, 3340, 3372, 3391, 3406, 3472, 3500, 3504, 3507, 3519, 3580, 3581, 3590, 3591, 3617, 3623, 3644, 3721, 3735, 3759, 3770, 3809, 3813, 3816, 3838, 3849, 3857, 3858, 3859, 3869, 3878, 3879, 3880, 4003, 4035, 4037, 4038, 4053, 4059, 4060, 4079, 4080, 4081, 4091, 4118, 4143, 4146, 4148, 4232, 4247.

Dauphiné (Alpes calcaires du) : 3190. 3749.

Dauphiné (Alpes du) près de Gap et de Grenoble : 350.

Dauphiné (chaîne des Alpes du) : 1095, 1421.

Dauphiné (Hautes-Alpes du) : 298, 348, 410, 527, 611, 704, 740, 743, 807, 835, 836, 936, 955, 956, 1007, 1008, 1013, 1016, 1017, 1018, 1130, 1133, 1164, 1178, 1293, 1294, 1301, 1302, 1371, 1425, 1454, 1547, 1636, 1714, 1812, 1822, 1823, 1824, 1825, 1826, 1828, 1846, 1863, 1884, 1886, 1887, 1888, 1892, 1893, 1912, 1953, 1954, 1955, 1997, 1998, 2000, 2049, 2052, 2054, 2055, 2075, 2082, 2094, 2095, 2096, 2101, 2105, 2135, 2136, 2140, 2141, 2185, 2303, 2304, 2344, 2377, 2380, 2394, 2411, 2413, 2420, 2547, 2556, 2590, 2824, 2929, 2930, 2962, 2964, 3016, 3021, 3029, 3043, 3075, 3180, 3335, 3336, 3362, 3367, 3370, 3375, 3405, 3412, 3725, 3726, 3727, 3758, 3814, 3840, 3874, 3875, 3876, 3877, 3921, 3935, 3972, 4049, 4088, 4141, 4142, 4236, 4246.

Dauphiné (Hautes-Alpes du) près de Gap et de Grenoble : 3076.

Dauphiné (Hautes-Alpes du) près la frontière de Savoie : 523.

Dauphiné (Midi du) : 493.

Dauphiné (montagnes du) : 77, 254, 255, 2919.

Dauphiné (sommets des Alpes du) : 2557.

Dauphiné (sommets des Hautes-Alpes du) : 2644.

Dauphiné (vallées alpines du) : 2230.

Dax : 25, 34, 46, 102, 367, 376, 490, 499, 692, 830, 833, 916, 931, 1048, 1051, 1168, 1553, 1597, 1665, 2370, 2421, 2504, 2595, 2602, 2610, 2755, 2789, 3189, 3226, 3233, 3477, 3523, 3562, 3567, 3651, 3654, 3766, 3782, 3892, 3986, 4009, 4048.

Dax (de) à Saint-Malo : 3983.

Dax (environs de) : 3551.

Deauville : 561.

Debonayres près de Saint-Maurice (Tarn-et-Garonne) : 3538.

Décize (Vienne) : 3871.

Décize (îles et rives de la Loire de son embouchure à) : 3782.

Demoiselles (cascades des) (Pyrén.) : 2859.

Denainvillers (bois du parc de) en Beauce : 100.

Dessambre (côte de) (Doubs) : 3849.

Dessombre (source du) (Jura) : 3880.

Dessoubre (source du) (Jura) : 1837.

Deux-Sèvres : 105, 3214, 3228, 3437, 3452, 3715, 3915, 3919, 3936, 4101.

Dévolui (Dauphiné) : 1027, 1780, 2478, 2485, 3318.

Dévolui (col du) : 1714.

Dezige : 2008.

Die : 844, 1538, 1567, 1636, 1815, 2021, 2025, 2139, 2264, 2488, 2923.

Die (bois de) : 132.

Die (col de Laut-de-Gras) : 3575.

Die (de Grenoble à) : 2482.

Dienne (Cantal) : 1674.

Dienne (vallée de) : 2048, 2066.

Dieppe : 178, 1098, 1468, 1574, 1873, 1896, 2779, 3545.

Dieppedale près Rouen : 342.

Dieuze (Meurthe) : 49, 688, 1099, 1831, 2714, 2755, 2882, 3105, 3122, 3133, 3883, 3915.

Dieuze (marais salés de) : 3660.

Dieuze (salines de) : 4073.

Digne : 73, 145, 147, 188, 197, 198, 498, 539, 544, 738, 807, 836, 1104, 1134, 1135, 1690, 1835, 1861, 1882, 1947, 1968, 2073, 2080, 2159, 2207, 2321, 2607, 2906, 2983, 3001, 3020, 3234, 3241, 3406, 4003, 4104.

Digne (Alpes jusqu'à) : 3217.
Digne (entre) et Seyne : 584.
Digue : 3973.
Dijon : 37, 128, 129, 148, 333, 573, 1056, 1117, 1491, 1537, 1595, 1602, 1669, 1830, 1833, 1914, 1923, 1968, 2008, 2046, 2098, 2160, 2330, 2488, 2506, 3242, 3782, 3809, 3849, 3871, 3915, 3930, 4023, 4060, 4101.
Dijon (de) à Beaune. *V.* Beaune.
Dijon (environs de) : 1501.
Dijon (toute la partie de la France au Sud de) : 1576.
Dinan (côtes du Nord) : 2602.
Dive (rochers de la) (Vendée) : 2518, 2618.
Dives (Calvados) : 158, 930, 2800, 2832, 3207, 4058.
Dizy (entre) et Champillon : 1000.
Dôle (Jura) : 1774, 3823, 4242.
Dôle (la) (Jura) : 56, 124, 242, 435, 578, 743, 955, 1097, 1294, 1377, 1439, 1457, 1563, 1566, 1602, 1796, 1806, 1824, 1825, 1828, 1871, 2000, 2044, 2277, 2279, 2298, 2304, 2305, 2311, 2334, 2347, 2399, 2428, 2429, 2445, 2482, 2492, 2745, 2767, 2771, 2773, 2805, 2854, 3030, 3076, 3461, 3493, 3644, 3758, 3877, 3878, 3880, 3921, 4092, 4140, 4244.
Dôle (au-dessous de la) : 2240, 2831.
Dôle (la) au Reculet (Jura) : 2455, 2456, 2458.
Dôle (sommet de la) : 2847.
Dômes (monts) : 1867.
Dômes (chaîne des monts) : 3228.
Domfront (Orne) : 102, 451, 1191, 1254, 1358, 2435, 2629, 2646, 2789, 4287, 4291.
Dompierre (Vendée) : 80, 499, 3228.
Donne (mont) sur Guillestre (Dauphiné) : 2201.
Donnon (Hautes-Vosges) : 3973.
Donos près de Narbonne : 389, 3999, 4096, 4115.
Dorat (canton du) (Haute-Vienne) : 4281.
Dordogne : 117, 598, 1121, 1123, 1168, 1593, 1717, 1973, 2863, 2904, 3147, 3226, 3869, 3919, 4048, 4060, 4062, 4098, 4101, 4192, 4207.
Dordogne (vallée de la) : 1843, 3937.
Dores (monts) (Auvergne) : 22, 127, 146, 232, 268, 312, 342, 497, 546, 551, 696, 780, 806, 954, 956, 970, 971, 1058, 1163, 1206, 1290, 1295, 1297, 1307, 1308, 1388, 1413, 1419, 1439, 1444, 1499, 1511, 1531, 1563, 1615, 1705, 1757, 1796, 1803, 1806, 1808, 1824, 1837, 1843, 1844, 1848, 1856, 1867, 1871, 1995, 1997, 2039, 2066, 2147, 2185, 2194, 2237, 2240, 2276, 2278, 2287, 2311, 2375, 2378, 2400, 2407, 2425, 2447, 2456, 2484, 2492, 2642, 2814, 2989, 3025, 3146, 3150, 3156, 3331, 3332, 3340, 3372, 3409, 3461, 3504, 3587, 3641, 3661, 3722, 3751, 3758, 3773, 3775, 3813, 3815, 3859, 3921, 3985, 4041, 4085, 4091, 4133, 4140, 4144, 4146, 4148.
Dores (chaîne des monts) (Auvergne) : 3228.
Dores (lacs des monts) (Auvergne) : 3776, 3899.
Dorlisheim (Bas-Rhin) : 2856.
Dorlisheim (collines de) : 2267.
Doubs (le) : 18, 1151, 1677, 1706, 2714.
Doubs au mont Suchet : 1710.
Doubs (bords du) de Pontarlier à Morteau : 3144.
Doubs (montagnes du) : Roche-du-Mont près d'Ornans, Haute-Pierre-sur-la-Loue, Brise-Poutot-sur-Pont-de-Roide, 1537.
Doubs (rives du) : 3242.
Doubs (rives du) près de Montbéliard : 3317.
Doubs (saut du) : 1828.
Doubs (sources du) : 3815.
Doude (Pas-de-Calais) : 1606.
Douhé (étang du Grand-) (Cher) : 4010.
Doulcier (Jura) : 3034.
Dourlises (Gard) : 3519.
Drac (bords du) près de Grenoble : 1003.
Drac (sables du) près de Grenoble : 426, 1007, 1023, 2112.
Drac (vallée du) : 2291.
Draguignan : 12, 33, 39, 79, 237, 344, 408, 429, 613, 912, 938, 994, 1107, 1134, 1377, 1908, 2017, 2191, 2197, 2198, 2217, 3134, 3234, 3252, 3397, 3521, 3869, 3936.
Draguignan (bois près de) : 2491.
Draguignan (de Tende à) : 585.
Dreux : 1663, 1842, 2794, 2979, 3760, 3800, 3866, 3871, 3882.
Dreyspitze près de Mutzig (Bas-Rhin) : 3575.
Drome : 8, 556, 1137, 1268, 1715, 1741, 2680, 3118, 3405, 4020, 4035.
Drome : Valence, 1697.
Duché (le) (Paris) : 1770.
Duclair près Rouen : 333.
Duison : 3828.
Dunkerque : 1896, 3207.
Dunkerque (de) à Bayonne. *V.* Bayonne.
Dunkerque (côtes maritimes de Bayonne à). *V.* Bayonne.
Dunkerque (de Nantes à) : 2747.
Dunkerque (de) aux Sables-d'Olonne : 3258, 4075.
Dunkerque (de Paris à) : 2553.
Dunkerque (de) à la Teste-de-Buch : 4072.
Durance (Lot-et-Garonne) : 3625.
Durance (bords de la) : 465, 2530, 2537, 3962.

DURANCE (bords de la) à Avignon : 975, 3969.
DURANCE (bords de la) en remontant jusqu'à Gap : 1655, 1797.
DURANCE (bords de la) en remontant jusqu'à Gap et Guillestre : 1684.
DURANCE (vallée de la) : 3206, 4273, 4275.
DURANCE (vallée de la) jusqu'à Gap : 3204.
DURANCE (vallée de la) jusqu'à Sisteron : 4221.

E

EAUX-BONNES (Pyrénées) : 7, 124, 146, 212, 260, 325, 328, 496, 581, 740, 744, 1020, 1058, 1061, 1104, 1174, 1201, 1385, 1414, 1415, 1433, 1434, 1436, 1447, 1451, 1659, 1665, 1739, 1847, 1871, 1998, 2000, 2077, 2081, 2310, 2340, 2349, 2375, 2476, 2612, 2642, 2709, 2712, 3004, 3043, 3075, 3236, 3536, 3727, 3811, 3823, 4038, 4060.
EAUX-BONNES (chaîne des Pyrénées de Mont-Louis aux) : 1753.
EAUX-BONNES (chaîne des Pyrénées depuis le Cambredase près de Mont-Louis jusqu'aux) (Pyrénées-Occidentales) : 2770.
EAUX-BONNES (chaîne des Pyrénées depuis les) jusqu'à la vallée d'Eynes : 1455.
EAUX-BONNES (de Cherbourg aux). V. Cherbourg.
EAUX-BONNES (de la vallée d'Eynes aux) : 623, 1438, 2548, 3337.
EAUX-BONNES (de Mont-Louis aux) : 102, 1161, 1756, 2275, 2776, 3404, 3408.
EAUX-BONNES (de Prats-de-Mollo aux) : 600, 2275.
EAUX-BONNES (environs des) : 74.
EAUX-BONNES (régions élevées, depuis les vallées des Pyrénées-Orientales, vals d'Eynes et de Llo jusqu'aux) : 602.
EAUX-BONNES (régions élevées des sapins de Mont-Louis aux) : 2277.
EAUX-BONNES (sommités depuis la vallée d'Eynes jusqu'aux) : 1173.
EAUX-CHAUDES (Pyrénées) : 826.
ECHAUDA (l') (Vallouise en Dauphiné) : 1694, 2098, 2978, 4137.
ECHAUDA (entre Ville-Vallouise et) : 1693, 2112.
ECHAUDA (col de l') (Dauphiné) : 1714, 1739, 1824, 1847, 1998, 2184, 2394, 2556, 2557, 3435, 3721, 3850, 3931, 4038, 4041, 4053, 4088.
ECHAUDA (col de l') du côté de la Vallouise) : 2323.
ECKBOSHEIN (Bas-Rhin) : 3802.
EFFIAT (Puy-de-Dôme) : 357.
EITHONE (forêt d') (Corse) : 1845.
ELBE (île d') : 1337.
ELBEUF (Seine-Inférieure) : 403, 2368, 2523, 2601, 2904.
ELNE (Pyrénées-Orientales) : 1066, 2574, 3117, 3533, 4036.
EMBEL (mont) (Drôme) : 4035.
EMBRUN (Hautes-Alpes) : 518, 536, 738, 1006, 1008, 1013, 1022, 1053, 1538, 1695, 1843, 1855, 1869, 1872, 1884, 1887, 2094, 2095, 2140, 2230, 2870, 2978, 3021, 3030, 3340, 4134.
EMBRUN (Alpes d') : 2477.
EMMERIN près de Lille : 3776.
ENCASSAND (écluse d') près de Villefranche : 905.
ENCAUSSE (Haute-Garonne) : 826.
ENDABRE en Rouergue : 1134.
ENDÉOUMÉ près de Marseille : 2167.
ENDRETLIS (Pyrénées) : 145, 146, 1665, 1739, 1912, 2264, 2474, 2476, 2831, 3075.
ENDRETLIS (pic d') : 2081.
ENDRETLIS (piquette d') : 1449, 1756, 2204, 2989, 3482, 3575, 3875, 3931.
ENFER (col d') (Pyrénées) : 2476.
ENFER (val d') au mont Dore : 546, 956, 1824, 1997, 2185.
ENFER (pentes du val d') : 2287.
ENGAUDUE (mont d') (Pyrénées) : 2406.
ENGHIEN (Paris) : 1050, 3800, 3828, 3886.
ENGHIEN (bords du lac) : 1099.
ENGIN (Isère) : 2832.
ENGLESQUEVILLE (Calvados) : 1972.
ENTRAIGUES (Ardèche) : 1911, 2093, 2685.
ENTRAIGUES (vallée d') : 829.
ENTREVAUX (Basses-Alpes) : 1676, 2073, 2968, 3001.
EOLO (Corse) : 363.
EPERNON (Paris) : 289.
EPINAL : 701.
EPISY près de Moët (Seine-et-Marne) : 4060.
EPOISSES (Côte-d'Or) : 1301.
ERAINES (mont d') : 797.
ERDEVEN (Morbihan) : 1634, 4024.
ERDRE (l') (Nantes) : 2461.
ERDRE (marais de l') (Nantes) : 2426, 2462, 2880.
ERESLID (Hautes-Pyrénées) : 1708.
ERESLIDS (pic d') (Pyrénées) : 1387, 1447, 1451.
ERIGNÉ (la roche d') près d'Angers : 3437.
ERMENONVILLE près de Paris : 67, 128, 704*, 1362, 1460, 2008, 2423, 3615, 3640, 3820, 4152.
ERR (vallée d') (Hautes-Pyrénées) : 437.
ESCALADIEU (prairies de l') près de Bagnères-de-Bigorre (Pyrénées) : 3597, 3598, 3599.
ESCALES (bains des) (Cerdagne française) : 963.
ESCALLES-D'AIGLUN (Var) : 2395.

Escandorgues près de Lodève : 3041, 3869, 4014.
Escoubous (lac d') (Pyrénées) : 3435.
Escrin-sur-Guillestre (Dauphiné) : 2140.
Espelette (pays Basque) : 2059.
Espérou (l') (Languedoc) : 539, 813, 829, 1308, 1397, 1427, 1537, 1586, 1844, 1848, 1908, 1930, 2448, 2449, 2451, 2725, 2902, 3020, 3023, 3041, 3461, 3504, 3519, 3591, 3638, 3775, 3849, 4003, 4026.
Espérou (mont) : 971, 1218, 1219.
Espingon (lac d') (Pyrénées) : 2204, 2481.
Espinouse (l') près de Montpellier : 2216, 3522.
Esponne (vallée de l') (Pyrénées) : 4040.
Esquierry (Pyrénées) : 12, 32, 74, 173, 309, 447, 458, 531, 703, 744, 851, 1020, 1024, 1025, 1041, 1058, 1097, 1185, 1374, 1385, 1432, 1433, 1434, 1498, 1540, 1564, 1566, 1568, 1620, 1637, 1659, 1708, 1737, 1756, 1796, 1806, 1826, 1829, 1848, 1870, 1871, 1912, 1998, 2030, 2081, 2098, 2204, 2237, 2276, 2313, 2375, 2383, 2400, 2481, 2587, 2709, 2724, 2814, 2831, 2964, 3004, 3202, 3228, 3338, 3482, 3536, 3727, 3812, 3814, 3816, 3857, 3858, 3875, 3878, 3921, 4038, 4041, 4060, 4148.
Esquierry (mont) : 1450, 2406.
Essay (Orne) : 1391.
Essey (côte d') : 3883.
Essonne (vallée de l') : 1525, 3222, 3808.
Essuies (Creuse) : 357.
Estagel près de Perpignan : 2574.
Estagneau (l') à Saint-Béat : 2709.
Estagnous-Cau-d'Espade (Pyrénées) : 2823.
Estagnous-de-Crabère (Pyrénées) : 1432, 1433, 1434.
Estais (lac d') (Basses-Pyrénées) : 2048.
Estaubé (Pyrénées) : 1447.
Estaubé (col de l') : 254, 1564, 1870, 1887, 4060.
Estaubé (port d') : 1446.
Estaubé (val d') : 3335.
Estavar (Pyrénées-Orientales) : 1975.
Esterel (l') (Var) : 454, 674, 698, 1738, 1906, 3627, 4148.
Estive-de-Luz (Pyrénées) : 1387, 1712.
Estret (Pyrénées) : 1447.
Estret-d'Estaubé (chaîne des Pyrénées) : 1437.
Estro (pont d') dans le Niolo (Corse) : 1845.
Etampes (près Paris) : 69, 109, 317, 398, 509, 573, 650, 852, 901, 1119, 1602, 1742, 1769, 1770, 2008, 2079, 2170, 2214, 2736, 2783, 2832, 2942, 2943, 2986, 3005, 3074, 3114, 3192, 3251, 3822, 3937.
Etoile (l') près de Marseille : 2137.
Etoile (montagne de l') près de Marseille : 2396.
Etrechy près d'Etampes : 69, 109, 317, 398, 405, 573, 631, 852, 1362, 2079, 2214, 2238, 2942, 2976, 3602, 3649, 3677.
Etrépagny près Gisors : 69, 164.
Etretat (Seine-Inférieure) : 1374.
Eu (Seine-Inférieure) : 695, 704, 747, 1777, 3581.
Eure ; 2257.
Evisa (Corse) : 548, 808.
Evisa (d') à Otta : 590.
Evol (haut vallon d') (Pyrénées) : 2022.
Evreux : 166, 513, 1373, 1392, 1856, 2127, 2448, 2658, 2759, 2779, 2794, 2875, 2877, 2952, 3989, 4001.
Evreux (forêt d') : 362.
Eynes (Pyrénées) : 727, 1665.
Eynes (val d') (Pyrénées-Orientales, canton de Saillagouse) : 8, 22, 32, 36, 41, 57, 58, 121, 124, 296, 301, 334, 357, 498, 577, 602, 835, 955, 964, 1025, 1026, 1041, 1165, 1171, 1185, 1201, 1426, 1429, 1430, 1431, 1432, 1433, 1434, 1435, 1436, 1437, 1441, 1442, 1499, 1529, 1566, 1637, 1666, 1713, 1717, 1722, 1826, 1870, 1887, 1912, 1930, 1952, 1997, 1998, 2035, 2075, 2078, 2138, 2142, 2185, 2237, 2279, 2315, 2456, 2458, 2468, 2474, 2477, 2482, 2554, 2643, 2814, 2820, 2823, 2927, 3031, 3043, 3180, 3335, 3413, 3435, 3461, 3493, 3727, 3812, 3838, 3866, 3878, 3921, 3931, 3975, 4038, 4060, 4080, 4082, 4142, 4148.
Eynes (vallée d') au Tourmalet et à la vallée d'Aspe : 3076.
Eynes (chaîne des Pyrénées depuis les Eaux-Bonnes jusqu'à la vallée d'). *V.* Eaux-Bonnes.
Eynes (de la vallée d') à la vallée d'Aspe (Basses-Pyrénées). *V.* Aspe.
Eynes (de la vallée d') au port de Bénasque : 2480.
Eynes (de la vallée d') aux Eaux-Bonnes. *V.* Eaux-Bonnes.
Eynes (depuis les Eaux-Bonnes jusqu'à la vallée d'). *V.* Eaux-Bonnes.
Eynes (sommet de la vallée d') : 1404, 1716.
Eynes (sommet de la vallée d') au col de Nouri : 1541.
Eynes (sommités depuis la vallée d') jusqu'aux Eaux-Bonnes. *V.* Eaux-Bonnes.
Eyré (pic d') (Pyrénées) : 1165, 2185, 2313, 2474, 2820.

F

Falaise (Calvados) : 46, 102, 156, 158, 165, 166, 194, 218, 457, 462, 559, 735,

747, 1152, 1297, 1311, 1553, 1593, 1603, 1663, 1728, 1777, 2046, 2086, 2209, 2214, 2355, 2370, 2421, 2523, 2559, 2560, 2580, 2602, 2626, 2629, 2678, 2683, 2689, 2697, 2832, 2838, 2842, 3495, 3592, 3628, 3629, 3634, 3800, 3801, 3828, 3831, 3848, 3871, 3889, 3892, 3919, 3929, 3991, 4048, 4098, 4214.

FALAISE (arrondissement de) : 797.

FAUCILLE (la) (Haut-Jura) : 4247.

FAUCILLE (au-dessous de la) : 2831.

FAUCILLE (entre Saint-Cergues et la) : 3880.

FAUGES (les) (Dauphiné) : 2171.

FAUGES en Lans (les) (Dauphiné) : 57, 112.

FAVEROLLES près de Villers-Cauterets : 2040.

FAZI (Plan-de-) près Mont-Dauphin : 2112.

FÉCAMP (Seine-Infre) : 549*, 704*, 1468.

FELBERG-DU-BRISGAU : 3335.

FÉNESTREL (chaîne des Pyrénées) : 3934.

FÈRE (la) (Aisne) : 271.

FÉRET (cap) : 3226, 3843.

FERMANVILLE (Manche) : 2639, 3891.

FERRIÈRES (au-dessus des) (Hautes-Pyrénées) : 2443.

FERTÉ-ALEPS (la) près de Paris : 92, 405, 509, 513, 633, 650, 920, 924, 928, 1117, 1119, 1362, 1381, 1505, 2079, 2170, 2176, 2986, 3005, 3074, 3416, 3589, 3617, 3866.

FERÉ-MACÉ (la) (Orne) : 2426.

FERTÉ-MILON (la) près de Paris : 549*, 1588, 3192, 3800, 3828, 3829.

FERTÉ-SOUS-JOUARRE (la) : 747, 1965, 1999, 2238, 2366, 2447, 2541, 2613, 2905, 3577, 3954, 4152.

FERVAQUES près Lisieux (Calvados) : 2784.

FIGEAC (Lot) : 1593, 2015, 2595.

FIGUEROLLES (Montpellier à) : 1219.

FINESTRET (Pyrénées-Orientales) : 1975.

FINISTÈRE : 2610.

FIUMORBO (Corse) : 363, 984; 1073, 1596, 2961, 3248.

FIUMORBO (mont) : 2591, 2634.

FIRSCHMSS (Vosges) : 3813.

FLAMANVILLE (Manche) : 3055.

FLAMANVILLE (falaise de) : 1972.

FLAMMERANS (bois de) près d'Auxonne : 830.

FLANDRE : 411.

FLAVIGNEROT (Combe-de-) : 2649.

FLAVIGNY près de Nancy (Lorraine) : 3831.

FLÈCHE (la) (Sarthe) : 1234.

FLEURET (bois de) (Cher) : 2397.

FLEURI (mont) (Alpes du Dauphiné) : 1709, 3510.

FLEURINES près Senlis : 1628, 1289.

FLÉVILLE près de Nancy (Lorraine) : 1923, 3133.

FLORAC (Lozère) : 443, 458, 597, 851, 973, 1003, 1103, 1490, 1491, 1537, 1595, 1622, 1836, 1881, 1907, 1908, 1909, 1911, 1930, 1973, 2046, 2071, 2079, 2093, 2139, 2159, 2264, 2595, 2607, 2791, 2891, 2895, 2918, 3231, 3797, 3871, 3923, 3989, 4094, 4170, 4221.

FLORAC à Rochefort : 1435.

FLORAC (environs de) : 594.

FLORIN près de Saint-André-d'Embrun (Dauphiné) : 475.

FLUNINGUE : 1301.

FOIX (Ariège) : 2370, 2393.

FONDPÉDROUSE (Pyrénées-Orientales) : 538, 1093, 2071, 2093, 3241.

FONTAINEBLEAU (Seine-et-Marne) : 11, 24, 28, 47, 48, 67, 86, 92, 157, 173, 263, 279, 353, 354, 360, 375, 398, 399, 403, 405, 447, 448, 462, 509, 513, 526, 528, 545, 573, 576, 631, 638, 642, 650, 704*, 747, 748, 793, 801, 803, 811, 839, 852, 920, 923, 924, 928, 942, 952, 963, 1040, 1044, 1095, 1101, 1117, 1119, 1152, 1168, 1249, 1250, 1264, 1281, 1282, 1283, 1285, 1300, 1351, 1358, 1362, 1365, 1366, 1379, 1489, 1505, 1506, 1525, 1544, 1546, 1561, 1600, 1602, 1723, 1737, 1798, 1815, 1841, 1856, 1958, 1965, 1968, 1969, 1999, 2008, 2176, 2201, 2205, 2238, 2370, 2381, 2423, 2441, 2453, 2464, 2503, 2541, 2542, 2551, 2553, 2567, 2589, 2668, 2669, 2717, 2736, 2756, 2758, 2759, 2779, 2790, 2794, 2840, 2846, 2863, 2865, 2867, 3005, 3035, 3074, 3205, 3235, 3242, 3297, 3383, 3416, 3434, 3436, 3440, 3467, 3494, 3495, 3509, 3579, 3581, 3602, 3607, 3614, 3615, 3618, 3638, 3639, 3645, 3649, 3663, 3693, 3697, 3714, 3728, 3730, 3739, 3775, 3795, 3801, 3809, 3829, 3831, 3855, 3864, 3866, 3867, 3871, 3872, 3882, 3932, 3937, 3954, 4000, 4001, 4010, 4190, 4192, 4223.

FONTAINEBLEAU (forêt de) : 3603.

FONTAINEBLEAU près le Mail d'Henri IV : 3578.

FONTANGE (Gard) : 3020.

FONTENAY-AUX-ROSES (Paris) : 307, 1303, 2366, 3938.

FONTENAY (Vendée) : 499, 689, 747, 3541.

FONTEVRAULT : 47.

FONTEVRAULT (bois de) près de Saumur : 1059.

FONTEVRAULT (bois de) (Vienne) : 1842.

FONTFROIDE près de Montpellier : 389, 828, 1113, 2434, 3020, 3654, 3869, 4131.

FONTFROIDE (bois de) près de Montpellier : 4147.

FONTGONBEAU (rochers de) (Indre) : 2862.

FONTJOIZE (vallée de) (Vienne) : 2750.

FONTLAURIER près de Narbonne : 387, 2093.

Fontlaurier (au bois de) : 2176.
Forbach (Lorraine) : 1831, 3122, 3144, 3593.
Forcalquier : 1938.
Forez : 537, 553, 1296, 1620, 1785, 1843, 2447, 3507.
Forez (chaîne du) : 1206, 1444, 1803, 1808, 1844, 1848, 1867, 1871, 2044, 2185, 2902, 3146, 3331, 3461, 3504, 3722.
Forez (montagnes du) : 1499, 1617, 2237, 2240, 3228, 3775, 3813, 4091.
Forges-les-Eaux (Seine-Inférieure) : 3775, 3776.
Formiguères (Capsir) (Pyrénées) : 2927.
Formilly près de Bayeux : 2784.
Fortsfelden (Bas-Rhin) : 2916.
Foug près de Toul (Lorraine) : 1000.
Fougère : 158.
Fouillards (forêt des) (Vienne) : 3230.
Fouras près de la Rochelle : 385, 901, 2205, 2526, 2652, 3855, 3937, 3952.
Fourchambault (Nièvre) : 1067.
Frahier (Haute-Saône) : 3802.
Fraichinède (Pyrénées) : 2555.
France méridionale jusqu'en Auvergne et en Dauphiné : 721.
France (centre de la) : 69, 156, 362, 440, 451, 513, 567, 658, 747, 869, 1045, 1105, 1106, 1152, 1154, 1168, 1365, 1403, 1421, 1586, 1588, 1600, 1613, 1646, 1706. 1717, 1777, 1784, 1914, 1923, 2085, 2109, 2160, 2176, 2231, 2248, 2288, 2361, 2388, 2396, 2418, 2426, 2434, 2437, 2465, 2470, 2500, 2503, 2506, 2507, 2523, 2542, 2551, 2553, 2628, 2678, 2726, 2736, 2746, 2756, 2785, 2793, 2795, 2800, 2840, 2843, 2863, 2865, 2895, 3012, 3139, 3141, 3189, 3203, 3232, 3251, 3328, 3343, 3382, 3384, 3421, 3422, 3487, 3495, 3496, 3579, 3580, 3581, 3585, 3586, 3617, 3619, 3629, 3632, 3639, 3640, 3664, 3667, 3669, 3728, 3729, 3730, 3913, 4020, 4214, 4276, 4287, 4291.
France (centre de la) jusqu'à Orléans et Paris : 1856.
France (Est de la) : 247, 513, 633, 1351, 1510, 1587, 1588, 2067, 2183, 2193, 2288, 2396, 2470, 2629, 3033, 3034, 3232, 3487, 3488, 3675, 3930, 4001.
France (Est de la) jusqu'à Lyon : 751, 3280.
France (Midi de la) : 90, 91, 94, 116, 117, 218, 220, 222, 228, 246, 247, 278, 289, 330, 353, 359, 362, 391, 440, 478, 567, 646, 747, 782, 869, 917, 925, 951, 973, 991, 1031, 1105, 1106. 1152, 1179, 1341, 1365, 1393, 1395, 1403, 1405, 1421, 1588, 1663, 1684, 1722, 1747, 1748, 1750, 1769, 1781, 1924, 1980, 2062, 2127, 2130, 2213, 2214, 2231, 2252, 2255, 2368, 2388, 2507, 2516, 2582, 2654, 2658, 2663, 2678, 2679, 2681, 2726, 2736, 2786, 2788, 2863, 2917, 3012, 3013, 3017, 3062, 3083, 3232, 3251, 3280, 3294, 3381, 3416, 3438, 3444, 3594, 3698, 3708, 4001, 4034, 4110, 4125, 4129, 4199, 4206, 4215, 4227, 4257, 4263.
France (Midi de la) jusqu'à Gap : 2521.
France (Midi de la) jusqu'à Lyon : 86, 319, 762, 1043, 1092, 1483, 1770, 2521.
France (Midi de la) jusqu'à Mâcon : 2521.
France (Midi de la) jusqu'à Poitiers : 1043.
France (Midi de la) jusqu'à Toulouse : 678.
France (Midi et Ouest de la) jusqu'à Abbeville : 722.
France (Midi et Ouest de la) jusqu'à la vallée de la Loire : 1562.
France (Midi et Ouest de la) jusqu'à Nantes : 983.
France (Alpes et plaines sèches du Midi de la) : 1682.
France (régions maritimes du Midi de la) : 1554.
France (Nord de la) : 440, 450, 633, 1341, 1351, 1510, 1591, 1704, 2067, 2085, 2127, 2183, 2193, 2288. 2388, 2396, 2423, 2434, 2437, 2441, 2465, 2551, 2558, 2580, 2785, 2838, 2895, 3012, 3033, 3133, 3139, 3282, 3349, 3384, 3410, 3425, 3435, 3487, 3488, 3575, 3585, 3619, 3655, 3656, 3664, 3667, 3708, 3730, 3835, 3919, 4276, 4287.
France (Nord et Nord-Ouest de la) jusqu'à Nantes : 2470.
France (Nord et Ouest de la) de Dunkerque à l'embouchure de la Gironde : 4020.
France (Nord-Est de la) : 1056, 3141.
France (Nord-Ouest de la) : 1600, 2426, 2447, 2448, 2567, 3012, 3141, 3425, 3545, 3579, 3675.
France (Ouest de la) : 90, 91, 220, 305, 440. 448, 633, 653, 747, 891, 917, 1105, 1106, 1168, 1341, 1351, 1365, 1393, 1403, 1553, 1586, 1613, 1717, 1769, 1923, 1924, 1980, 2130, 2160, 2183, 2193, 2231, 2288, 2361, 2370, 2388, 2418, 2434, 2435, 2436, 2437, 2441, 2465, 2500, 2503, 2506, 2507, 2542, 2602, 2711, 2726, 2736, 2746, 2789, 2807, 2863, 2868, 2904, 2905, 2921, 3017, 3023, 3111, 3133, 3189, 3213, 3280, 3289, 3297, 3328, 3349, 3359, 3366, 3382. 3383, 3384, 3394, 3416, 3422, 3468, 3473, 3478, 3486, 3487, 3488, 3545, 3555, 3579, 3580, 3583, 3585, 3594, 3600, 3617, 3619, 3628, 3639, 3642, 3653, 3654, 3655, 3664, 3667, 3682, 3698, 3705, 3729, 3730, 3822, 3842, 3928, 4048, 4110, 4125, 4129, 4215, 4240, 4250, 4273, 4274, 4275, 4276, 4287, 4291.
France (Ouest de la) jusqu'à Angers : 3300.
France (Ouest de la) de Bayonne à Cherbourg : 2808.

France (Ouest de la) depuis Bayonne jusqu'à Falaise : 549*.
France (Ouest de la) de Bayonne au Havre : 3760.
France (Ouest de la) de Bayonne à Quiberon : 4214.
France (Ouest de la) jusqu'à Cherbourg : 3199.
France (Ouest de la) jusqu'à Noirmoutiers : 762.
France (Ouest de la) de Paris à Toulouse et de Rouen à Caen, le Havre, etc. : 3211.
France (Ouest de la) jusqu'à Quiberon : 678.
France (Ouest et centre de la) jusqu'à Vannes : 1092.
France (côtes de l'Ouest de la) : 474, 1893, 2893, 4133.
France (landes de l'Ouest de la) : 3296.
France (régions maritimes de l'Ouest de la) : 1534.
France (provinces méridionales, centrales et occidentales de la) jusqu'à Lyon, Paris, Amiens, etc. : 1374.
France (provinces méridionales, centrales et occidentales de la) jusqu'à Valognes : 1858.
France (région méridionale de la) : 2210.
France (Sud de la) jusqu'à Lyon : 731.
France (Sud-Est de la) : 2316.
France (Sud-Ouest de la) : 2375, 3141.
Franchart près Fontainebleau : 47, 963, 3381, 4010.
Franche-Comté : 1387, 4212.
Francheville près de Lyon : 1615, 2330.
Fraus (forêt des) au-dessus de la Grave (Alpes du Dauphiné) : 1621.
Fréjus (Var) : 34, 82, 91, 116, 151, 192, 198, 202, 222, 322, 330, 344, 359, 379, 381, 390, 391, 393, 398, 454, 485, 499, 510, 539, 556, 613, 630, 682, 686, 698, 717, 734, 795, 813, 822, 827, 832, 833, 841, 842, 847, 855, 858, 881, 889, 898, 912, 931, 933, 937, 972, 984, 997, 1003, 1028, 1061, 1065, 1066, 1067, 1069, 1081, 1083, 1089, 1104, 1108, 1110, 1112, 1121, 1127, 1128, 1132, 1136, 1160, 1301, 1322, 1328, 1345, 1346, 1359, 1372, 1374, 1421, 1465, 1475, 1476, 1484, 1488, 1503, 1512, 1514, 1515, 1554, 1559, 1572, 1584, 1588, 1592, 1593, 1595, 1602, 1669, 1730, 1740, 1744, 1763, 1764, 1782, 1816, 1817, 1835, 1839, 1841, 1852, 1854, 1855, 1869, 1917, 1927, 1930, 1931, 1935, 1944, 1963, 1969, 1976, 1979, 1981, 1987, 2008, 2016, 2017, 2021, 2025, 2030, 2036, 2113, 2116, 2120, 2126, 2128, 2129, 2132, 2139, 2144, 2149, 2150, 2159, 2161, 2165, 2173, 2181, 2191, 2197, 2198, 2265, 2372, 2439, 2441, 2525, 2542, 2588, 2595, 2617, 2622, 2623, 2624, 2634, 2646, 2680, 2681, 2719, 2722, 275, 2794, 2807, 2809, 2841, 2843, 2850, 285, 2870, 2871, 2891, 2897, 2898, 2914, 295, 2961, 2970, 2971, 2983, 2992, 2994, 302, 3032, 3042, 3065, 3069, 3084, 3214, 32, 3234, 3238, 3241, 3244, 3252, 3255, 325, 3261, 3268, 3278, 3298, 3305, 3364, 341, 3420, 3446, 3455, 3521, 3594, 3604, 360, 3627, 3765, 3766, 3837, 3861, 3869, 389, 3903, 3907, 3908, 3916, 3917, 3924, 392, 3951, 3956, 3958, 3962, 3963, 3965, 397, 3986, 3987, 3990, 3992, 3999, 4002, 400, 4009, 4014, 4017, 4018, 4019, 4104, 411, 4122, 4126, 4128, 4131, 4171, 4179, 419, 4197, 4206, 4210, 4218, 4221, 4226, 423
Fréjus (de) à Montélimart : 3212.
Fréjus (de) à Perpignan : 2241.
Fréjus (de) à Port-Vendres : 339, 2250,
Fréjus (depuis le pied du mont Vento jusqu'à) : 1733.
Fréjus (environs de) : 340, 2220.
Fréjus (tout le Midi de) à Perpignan : 236
Fresnay-le-Puceux (Calvados) : 270 2742.
Fresnes (col de) au-dessus d'Apremo (Alpes du Dauphiné) : 1493.
Fresque près de Nîmes : 1136.
Friardel près de Lisieux : 2689.
Fribourg (Meurthe) : 3321.
Frontignan : 778, 1855, 3067, 4112, 414 4195.
Front-Roméou (Pyrénées) : 1529.
Fussy (Cher) : 3489.

G

Gabas (forêt de) (Pyrénées) : 1753.
Gache (montagnes de) près de Sisteron 1003.
Gaïx (montagne Noire) : 2951.
Galbe (vallée de) (Pyrénées) : 1632, 184 3813.
Galeria (Corse) : 881, 2605, 2999.
Galibier (Alpes du Dauphiné) : 27, 5 73, 187, 267, 1023, 1025, 1164, 126 1357, 1826, 1955, 2061, 2420, 2474, 247 2477, 3043, 3338, 3774, 3807, 3816, 383 3875, 3931, 4134.
Galibier (col du) : 43, 1018, 1887.
Galibier (le), au Lautaret : 1458, 175 2141, 2184.
Galibier (petit) : 253, 2479, 3840.
Galibier (ruisseau du) : 3334.
Galibier (sommet du) : 1847, 3814.
Galinasse (la) (Pyrénées) : 2477.
Ganges près de Montpellier : 289, 121 1816, 3002, 3006, 3979, 4005, 4168.
Ganges (entre le Vigan et) : 809.

Gannat (Allier) : 218, 1508, 1669, 1830, 1967, 1974, 2687, 2951.
Ganzau (la) près de Strasbourg : 2757, 3535.
Ganzau (à la) dans les bois d'Ilkirch près de Strasbourg : 2267.
Gap : 25, 39, 44, 128, 145, 224, 322, 398, 425, 437, 438, 488, 517, 536, 627, 651, 652, 743, 777, 826, 827, 835, 836, 844, 851, 1003, 1005, 1007, 1012, 1013, 1022, 1053, 1057, 1097, 1117, 1130, 1134, 1135, 1169, 1181, 1247, 1252, 1355, 1479, 1491, 1539, 1547, 1563, 1565, 1568, 1595, 1602, 1669, 1692, 1695, 1698, 1700, 1755, 1787, 1788, 1797, 1826, 1847, 1848, 1855, 1863, 1869, 1871, 1882, 1886, 1912, 1955, 1971, 1997, 2008, 2015, 2030, 2036, 2049, 2066, 2070, 2076, 2112, 2113, 2132, 2135, 2140, 2159, 2171, 2189, 2207, 2210, 2215, 2231, 2286, 2302, 2303, 2320, 2321, 2324, 2403, 2488, 2590, 2595, 2607, 2650, 2764, 2779, 2804, 2859, 2866, 2870, 2891, 2897, 2918, 2965, 2978, 2983, 2989, 3020, 3021, 3030, 3042, 3201, 3205, 3212, 3213, 3252, 3318, 3322, 3361, 3402, 3426, 3431, 3435, 3440, 3445, 3504, 3510, 3523, 3581, 3626, 3632, 3669, 3770, 3800, 3849, 3871, 3883, 3921, 3931, 3936, 4003, 4023, 4077, 4082, 4118, 4141, 4148, 4169, 4170, 4190, 4200.
Gap (Alpes de) : 187, 2399, 2474, 2477, 2822, 3387.
Gap (bois près de) : 2828.
Gap (bords de la Durance jusqu'à). *V.* Durance.
Gap (chemin de) à la Mure : 2930.
Gap (d'Aix à). *V.* Aix.
Gap (environs de) : 421, 2205, 2291, 2449, 2852, 3405.
Gap (montagnes des environs de) : 1709, 2346.
Gap (remonte dans les Alpes jusqu'à). *V.* Alpes.
Gap (route de) aux Bayards : 2510.
Gap (vallée de la Durance jusqu'à). *V.* Durance.
Gap (vallée des Alpes jusqu'à). *V.* Alpes.
Gapensais (le) (Alpes du Dauphiné) : 2821, 3340.
Gar (pic de) (Pyrénées) : 3878.
Gard : 375, 376, 458, 599, 1427, 1697, 1711, 1747, 1815, 2046, 2071, 2161, 2264, 2269, 2375, 2465, 2725, 2752, 3445, 3473, 3497, 3513, 3822, 3920.
Gard (montagnes du) : 3186.
Gard (pic de) (Pyrénées) : 1097, 1174, 1659, 1739, 1907, 2237, 2313, 2406, 2475, 2482, 2568, 2712, 2725, 3461.
Gard (pont du) : 246, 399, 548, 1755, 1835, 1841, 1842, 2605, 2606, 2646, 2922, 3568.
Gardane (près de) (Provence) : 3208.
Garde (la) près de Gap : 2075, 2080, 2082, 2685.
Garde (la) près de Toulon : 3398.
Gardes (coteaux des) : 1172.
Gardon (bords du) : 1113, 1301, 1963, 3002.
Gardon (rives du) près d'Anduze : 1813, 3242.
Gardon (vallée du) : 1987, 3760.
Garonne (bassin de la) : 2169, 3034, 3397, 3484.
Garonne (bords de la) jusqu'à Agen : 3314.
Garonne (bords de la) jusqu'à Toulouse : 809.
Garonne (bords escarpés de la) : 4263.
Garonne (graviers de la) : 2897.
Garonne (Haute-) : 3501, 3615, 3628.
Garonne (la) près de Toulon : 993.
Garonne (le long des torrents et des sables de la) : 1907.
Garonne (rive droite de la) : 119.
Garonne (rive gauche de la) au-dessous de Portet : 3609.
Garonne (rives de la) : 762, 769, 2076, 2891, 3242.
Garonne (sables de la) : 148.
Garonne (sables de la Haute-) : 2717.
Garonne (sources de la) : 3435.
Garonne (vallée de la) : 2015, 2016, 2169, 2367, 2623, 2680, 2905, 2921, 3513, 3543, 3651, 3760, 3785, 3919, 3929, 4190, 4192, 4214.
Garonne (vallée de la) de Blaye à Toulouse. *V.* Blaye.
Garonne (vallée de la) de Toulouse à Bordeaux : 3217.
Garonne (vallée de la) et ses tributaires : 3936.
Garonne (vallées de la) jusqu'à Toulouse : 4020.
Garonne (vallées de la) et de ses affluents : 3991, 4031, 4062, 4098, 4120, 4155, 4156, 4207.
Gars (Alpes de la Provence) : 288.
Gascogne : 2688.
Gascogne (golfe de) : 2536.
Gatteville (Manche) : 562, 950, 1468, 3525, 3800.
Gaube (lac de) (Pyrénées) : 1356, 2237, 3811.
Gaube (entre le lac de) et le port de la Hourquette : 8.
Gaube (montagnes de) : 1712.
Gauvi (mont) près Guillestre (Alpes du Dauphiné) : 112.
Gavarnie (Hautes-Pyrénées) : 212, 740, 1016, 1381, 1387, 1534, 1566, 1708, 1753, 1824, 1826, 1888, 2383, 2548, 3482, 3536, 3812, 3984, 4038, 4060, 4247.
Gavarnie (chaos de) : 2308.

GAVARNIE (chemin de) : 1356.
GAVARNIE (port de) : 3195.
GAVARNIE (route de Luz à) : 835, 1637.
GAVE (bords du) (Pau) : 3491.
GAVE (vallée de) (Pyrénées) : 2724.
GAVET-EN-OYSANS (Dauphiné) : 1843.
GAVRES (Loire-Inférieure) : 3053, 3904.
GAVRES (presqu'île de) près Lorient : 3052.
GAZINET près de Pessac au Nord de la route de Bordeaux à la Teste : 1597.
GAZ-MARTIN (Vosges) : 3813.
GÈDRE (Hautes-Pyrénées) : 1356, 1717, 2724, 3413, 3559, 3869, 3875.
GÈDRE (environs de) : 3335.
GELFOSSES : 468.
GEMENOS (Provence) : 2924.
GENÈVRE (mont) (Alpes du Dauphiné) : 73, 233, 280, 283, 410, 536, 544, 577, 835, 1007, 1008, 1091, 1302, 1371, 1437, 1491, 1566, 1665, 1694, 1871, 1907, 2094, 2140, 2264, 2279, 2317, 2320, 2411, 2477, 2485, 2486, 2590, 2821, 3361, 3367, 3372, 3391, 3726, 3776, 3877, 3931, 4003, 4038, 4053.
GENÈVRE (environs du mont) : 1247.
GENOLHAC (Gard) : 2370.
GENSAC près de Libourne : 2443.
GENTILLY près de Paris : 600, 1099, 1970, 2388, 2660, 2754, 3760.
GÉRARDMER (Vosges) : 2812, 3593, 3704, 3714, 3813.
GÉRARDMER (lac de) : 137.
GERBIER (mont) (Ardèche) : 1911, 1926, 2093, 2902.
GERBIER-DES-JONCS (Ardèche) : 3372.
GERDE (Hautes-Pyrénées) : 4040.
GÈRE (pic de) (Pyrénées) : 294, 325, 2204, 2310, 2612, 2964, 3230, 3339, 3749, 3814, 4148.
GERGY près de Châlons-sur-Saône : 3792, 3802, 3839.
GERS : 3522, 3634, 3653, 3654.
GERTHEIM (Bas-Rhin) : 3789.
GERVI (mont) près Sisteron : 1938.
GESVRES : 1770.
GETEN près de Labruns, dans la vallée d'Ossau (Basses-Pyrénées) : 726.
GEVRAY près de Dijon : 656, 1755, 1815.
GEVREY (rochers de) (Côte-d'Or) : 2201.
GHISONI (Corse) : 767, 1845.
GIEN : 2037, 2980.
GIEN (presqu'île de) (littoral de la Méditerranée) : 2842, 3240.
GIRIVILLERS (Meurthe) : 3883.
GIROMAGNY (ballon de) (Vosges) : 3587, 3859.
GIROMAGNY (depuis les montagnes de Dabo et de Saint-Quirin jusqu'au ballon de) : 2185.
GIROMAGNY (depuis Sarrebourg jusqu'à) : 1666.
GIRONDAS (Provence) : 813.
GIRONDE : 650, 1815, 1973, 2421, 2490, 2517, 2518, 2575, 2832, 3191, 3581, 3785, 4048.
GIRONDE (de Dunkerque à l'embouchure de la). V. Dunkerque.
GIRONDE (de la) à Mortagne : 3213.
GIRONDE (côtes de la) : 3891.
GIRONDE (rochers de la) (Charente-Inférieure) : 177.
GIRONDE (rochers de la) à Meschers : 202.
GIRONDE (rochers de la) de Saint-Seurin aux Monnards : 194.
GIRONDE (vallée de la) de Blaye à Toulouse. V. Blaye.
GISOLE (Pyrénées) : 3075.
GISOLE (mont) (Pyrénées) : 1174, 1262, 2406.
GISORS (Eure) : 51, 128, 194, 462, 503, 549, 1159, 1373, 1777, 1864, 2032, 2127, 2248, 2447, 2454, 2668, 2952, 3144, 3478, 3503, 3642, 3767.
GISSAC (Aveyron) : 2079.
GISTAIN (vallée de) (Pyrénées) : 159, 649, 1899, 1952, 1983.
GIVORS près de Lyon : 2122.
GIVRY (Cher) : 1067.
GLAISE près de Gap : 3405.
GLAISE (col de) près de Gap : 23.
GLAISE (pic de) : 4037.
GLANDAZ (le) près de Die (Drôme) : 27, 73, 326, 1715, 2456, 2483, 4035.
GLANDAZ (mont) : 1515.
GLÉNANS (îles de) (Finistère) : 682, 1121, 2632, 3570, 3913.
GLÈRE (port de la) (Pyrénées) : 1437, 2449.
GLÈRE (gorge qui conduit au pic Sacroust par le port de la) (Pyrénées) : 2442.
GOFONTAINE (lande de) près de Toqueville et de Valognes : 1990.
GOLO (entre le) et le Tavignano (Corse) : 1015.
GOLO (pont du) (Corse) : 808, 927, 984, 2175.
GONDEAU (Alpes du Dauphiné) : 2458.
GONDOLLE (bords de l'Allier) : 2954.
GONDRAN près de Briançon : 2266.
GONDRAN (mont) : 3727.
GONDRAN (montagnes de) près du mont Genèvre : 2768.
GORGES (marais de) près Perriers (Manche) : 2430.
GORZE (au-dessus de) près de Metz : 1495.
GOUBEYRAN (col de) (Drôme) : 8.
GOULIÉ (Pyrénées) : 2219, 2237.
GOURGS (le) au-dessus de Noëdes (Pyrénées) : 1426.

Gournay (Seine-Inférieure) : 128, 2952.
Goust (Pyrénées) : 2964.
Gouvieux près Chantilly (Paris) : 763, 766, 1346, 1815, 2917.
Gouville (coteau de) près Dijon : 2650.
Grabère (pic de) (Pyrénées) : 1165.
Grace-de-Dieu (la) près Courson (Bretagne) : 80, 3617.
Gradignan près de Bordeaux : 3551.
Graffenstadt (Bas-Rhin) : 1006.
Grammont près de Montpellier : 922, 962, 2530, 2887, 3958, 3994.
Grammont (bois de) près de Montpellier : 123, 919.
Grammont (lac de) près de Montpellier : 4280, 4283.
Grammont (mare du bois de) près de Montpellier : 1325, 1328.
Grammont (plage et bois de) près de Montpellier : 3.
Grandcamp près de Bayeux : 1468, 2784.
Grandchamps près de Paris : 3886.
Grande-Chartreuse (Grenoble) : 57, 124, 127, 155, 259, 294, 496, 498, 527, 546, 743, 860, 955, 1022, 1024, 1057, 1097, 1116, 1170, 1371, 1414, 1527, 1563, 1566, 1616, 1632, 1666, 1691, 1709, 1759, 1806, 1847, 1871, 1954, 1971, 2049, 2066, 2076, 2098, 2171, 2185, 2237, 2240, 2277, 2279, 2307, 2322, 2400, 2413, 2435, 2482, 2549, 2590, 2761, 2814, 2821, 2828, 2831, 2949, 2964, 2978, 3030, 3075, 3330, 3339, 3435, 3461, 3575, 3877, 3921, 4088, 4146, 4247, 4288.
Grande-Combe (Gard) : 384, 3023.
Grande-Serène (au-dessus de) en remontant l'Ubaye (Htes-Alpes du Dauphiné) : 1454.
Grandes-Loges (les) (Marne) : 429.
Grande-Vache (à la) (Alpes) : 2831.
Grand-Pérignat (le) (Auvergne) : 1973.
Grandrupt (Vosges) : 2047, 3800.
Grandson près de Grenoble : 546, 1170, 1707, 1709, 1710, 1714, 1757, 2964, 3021.
Grand-Veymont près de Die : 1524, 2140.
Grandvillars (Haut-Rhin) : 3839.
Grange (Vosges) : 3704, 3859.
Grange (bois de la) (Paris) : 1546, 3210.
Grangette (la) près de Gap : 62, 345, 548, 820, 1053, 1636, 1780, 1789, 1890, 1967, 2046, 2105, 2205, 2305.
Grangette (bois de la) près de Gap : 2928, 3410.
Granville (Manche) : 177, 178, 704, 950, 1468, 1469, 1974, 2658, 2863, 3088, 4181, 4266.
Granville (falaises de) : 720.
Granville (roc de) : 716, 3523.
Grasse : 33, 34, 36, 85, 94, 108, 132, 161, 329, 330, 340, 359, 383, 385, 404, 464, 485, 499, 563, 613, 644, 645, 671, 682, 685, 686, 690, 734, 736, 737, 738, 795, 813, 822, 826, 827, 833, 840, 842, 845, 900, 912, 991, 1042, 1061, 1066, 1081, 1083, 1089, 1104, 1107, 1112, 1128, 1136, 1322, 1345, 1465, 1475, 1476, 1484, 1512, 1514, 1676, 1690, 1746, 1765, 1771, 1779, 1815, 1819, 1837, 1839, 1852, 1909, 1917, 1941, 1963, 1967, 1969, 1976, 1979, 2017, 2030, 2131, 2149, 2168, 2178, 2198, 2265, 2389, 2509, 2573, 2588, 2595, 2646, 2870, 2895, 2898, 2914, 2951, 2971, 2983, 2992, 3032, 3225, 3234, 3241, 3252, 3261, 3268, 3285, 3298, 3305, 3396, 3398, 3407, 3418, 3420, 3459, 3480, 3481, 3488, 3502, 3517, 3521, 3530, 3555, 3558, 3564, 3565, 3566, 3567, 3568, 3569, 3597, 3627, 3646, 3765, 3846, 3861, 3903, 3907, 3908, 3909, 3917, 3933, 3956, 3958, 3959, 3981, 3999, 4002, 4004, 4009, 4057, 4060, 4096, 4104, 4115, 4168, 4171, 4191, 4235.
Grau-d'Olette (Pyrénées-Orientales) : 2072, 2093, 2112, 3241.
Grau-de-Palestra près de Montpellier : 2657.
Grave la (Hautes-Alpes, arrondissement de Briançon) : 9, 209, 577, 844, 956, 1302, 1537, 1694, 1822, 1892, 2000, 2014, 2015, 2207, 2650, 2906, 2978, 3973, 4170.
Grave (confluent de la) et de la Vénosque : 936.
Grave (glaciers de la) : 3814, 4080.
Grave (la) sous les glaciers : 63, 2479.
Grave (vallée de la) : 1886.
Gravenoire (Auvergne) : 1444.
Gravone (Corse) : 2748.
Gray : 1864, 2882.
Grellère (pic de) (Pyrénées) : 1165.
Grenelle (Paris) : 525, 2127, 2388, 2613, 2654, 2783, 2790, 3436, 3915, 4095.
Grenoble : 73, 86, 127, 128, 148, 247, 398, 415, 418, 437, 488, 498, 546, 571, 578, 627, 651, 788, 826, 827, 835, 974, 1024, 1117, 1151, 1169, 1171, 1353, 1491, 1537, 1595, 1602, 1669, 1755, 1774, 1795, 1815, 1822, 1827, 1843, 1848, 1855, 1864, 1869, 1961, 1968, 1971, 1974, 1998, 2012, 2015, 2030, 2036, 2132, 2161, 2170, 2207, 2210, 2272, 2298, 2307, 2320, 2321, 2391, 2428, 2429, 2544, 2575, 2595, 2685, 2752, 2824, 2854, 2857, 2895, 2923, 3004, 3020, 3034, 3402, 3468, 3474, 3504, 3543, 3546, 3585, 3592, 3626, 3632, 3710, 3766, 3770, 3789, 3800, 3801, 3823, 3920, 3921, 3937, 3989,

4000, 4003, 4038, 4062. 4077, 4094, 4115, 4120, 4156, 4170, 4211.
Grenoble (Alpes de) : 2302, 2303, 2380, 2407, 2472, 2822, 3412.
Grenoble (Alpes entre) et Chambéry. *V.* Alpes.
Grenoble au Polygone : 2189.
Grenoble (bois près de) : 2828.
Grenoble (de) à Die : 2482.
Grenoble (de) au mont Viso : 2412.
Grenoble (de la Méditerranée jusqu'à) : 653.
Grenoble (environs de) : 422, 2205, 2299, 3411.
Grenoble (Hautes-Alpes de) : 145.
Grenoble (Marseille, Grasse, etc., et de là jusqu'à Lyon et) : 3502.
Grenoble (montagnes des environs de) : 2346.
Grenoble (Polygone de) : 2528.
Grenoble (toute la chaîne de) au Sept-Laus : 1165.
Grenoble (vallée des Alpes jusqu'à). *V.* Alpes.
Grenoble (vallée de l'Isère à) : 2291.
Grenoble (vallées du Rhône et de ses affluents jusqu'à) : 4214.
Gréoulx-de-Saleix (Hautes-Pyrénées) : 3195.
Gréoux (Basses-Alpes) : 106, 116, 211, 539, 807, 813, 981, 1135, 1790, 2131, 2199, 3234.
Grès (le) (Vosges) : 4224.
Gréville (falaises de) (Manche) : 2538.
Grezon près d'Arbois (Franche-Comté) : 4073.
Grignon (Paris) : 3772.
Grip (Pyrénées) : 146.
Grip (cascade de) : 2831.
Grisy (mont de) (Ouest de la France) : 797.
Groaix (île de) (Morbihan) : 3913.
Groix (île de) près de Cherbourg : 4098, 4120.
Grosbois (Paris) : 999, 1965, 2754.
Grosso (mont) (Corse) : 217, 259, 268, 349, 486, 521, 626, 1172, 1288, 1423, 1531, 1589, 1845, 1991, 2379, 2634, 2958, 3000, 3354, 3483, 3921, 3985, 4098, 4134.
Guagno (Corse) : 2175.
Guagno (au-dessus de) : 2179.
Guagno (bains de) : 2438, 2710, 3357, 3891, 3974, 4016, 4206.
Guagno (au-dessus des bains de) : 2379, 3456.
Guebwiller près de Rouffach (Haut-Rhin) : 1304, 1602, 1614, 1843, 1881, 1947, 2678, 2685, 2690, 2697, 2699, 3866.
Guebwiller (vallée de) (Vosges) : 2879.
Gueillère (la) (Pyrénées) : 1426.
Guémar (Haut-Rhin) : 2943.
Guérande (environs de) (Loire-Inférieure) : 4058.
Guery (lac) (monts Dore) : 806, 4280.
Guiervif (sources du) (Hautes-Alpes du Dauphiné) : 4088.
Guillestre (Hautes-Alpes) : 44, 209, 294, 348, 421, 637, 697, 1006, 1008, 1053, 1097, 1344, 1694, 1695, 1789, 1813, 1823, 1884, 2094, 2109, 2112, 2113, 2207, 2230, 2325, 2449, 2488, 2607, 2802, 2852, 2906, 2918, 3252, 3434, 3501, 3623, 3877, 4137.
Guillestre (au-dessus de) : 2400, 2547.
Guillestre (bords de la Durance jusqu'à). *V.* Durance.
Guillestre (chaînes qui du mont Viso se dirigent vers), etc. : 2823.
Guillestre (environs de) : 3399.
Guillestre (montagnes de) : 2293, 2377.
Guillestre (vallée de) : 3467.
Guinots (les) (Jura) : 4287.
Guinots (tourbières des) (Doubs) : 3808.
Guissani (Corse) : 3008.
Gujan (près de la Teste-de-Buch) (Gironde) : 903, 3791, 3952, 3986, 4009.
Gujon : 3523.

H

Hague (la) (Manche) : 2538.
Hague (cap de la) (Manche) : 682.
Haguenau (Bas-Rhin) : 42, 427, 428, 613, 658, 1226, 1290, 1409, 1606, 1614, 1704, 1705, 1717, 1774, 1827, 1974, 1984, 2351, 2354, 2424, 2426, 2448, 2598, 2678, 2893, 3275, 3343, 3433, 3592, 3715, 3775, 3823, 3829, 3831, 3832, 3859, 3899, 3920, 3928, 3947, 3970, 4133, 4209, 4242, 4290.
Haguenau (forêt de) : 1848 ; à 140 mètres au-dessus du niveau de la mer : 2425.
Haies (col des) près de Briançon : 1455.
Haies (montagnes des) près de Briançon : 1759.
Hangenbiethen (Bas-Rhin) : 772.
Harcourt (Calvados) : 735, 1392, 2742, 3991.
Hardt (plaine d'Alsace au) : 1194.
Harfleur (Seine-Inférieure) : 930.
Haroué (Meurthe) : 3883.
Harza (mont) près Itsatsou (Pyrénées) : 515, 2443, 2493.
Haspelscheidt (Moselle) : 3704, 3781, 3832.
Haubourdin près de Lille : 3828.
Haubourdin (marais de) près de Lille : 1864.

Haute-Pierre sur la Loue (montagnes du Doubs) : 1537.
Havre (le) : 102, 178, 451, 561, 678, 930, 1554, 1574, 1603, 1873, 1896, 2448, 2602, 2794, 2862, 3929, 3970.
Havre (côtes de l'Océan et de la Manche jusqu'au) : 4155, 4156.
Hayange (Moselle) : 166, 1932, 2087.
Hazebrouck : 501.
Héas (vallée de) (Basses-Pyréns) : 581, 1446.
Heiltz-le-Hutier (Marne) : 3930.
Hellet (forêt du) près de Neufchâtel (Seine-Inférieure) : 128.
Hennequeville (falaises de) près de Trouville (Calvados) : 1048.
Hérault : 3445, 3497, 3513, 3657.
Hérault (embouchure de l') : 3951.
Hérault (montagnes de l') : 3186.
Herbévilliers près de Vic (Lorraine) : 1810.
Herbsheim (Bas-Rhin) : 1960, 2046, 3540, 3860.
Hermitain (bois de l') (Deux-Sèvres) : 3228, 3499.
Herqueville (Manche : 1662.
Herqueville (falaise de, près de Jobourg (Manche) : 171.
Hers (bords de l') (Haute-Garonne) : 2808, 2868, 3543.
Hers (rive gauche de l') : 3545.
Herry (Cher) : 3489.
Hesdin : 102.
Heurtauville près Rouen : 2430.
Hiéris (l') (Pyrénées) : 146, 156, 740, 744, 1097, 1540, 1564, 1637, 1875, 2098, 2310, 2806, 2814, 2964, 2986, 3004, 3482, 3536, 3581, 4003, 4060, 4148.
Hiéris (pic de l') : 74, 212, 219, 496, 499, 1104, 1174, 1415, 1451, 1490, 1540, 1659, 1665, 1677, 1717, 1739, 1907, 2313, 2393, 2469, 2474, 2589, 2913, 3195, 3471, 3838, 3984, 4038.
Hiéris (port de l') : 2444.
Hiéris (vallée de l') : 3228.
Hilsheim (Alsace) : 2757.
Hoedic (Morbihan) : 2652, 3573.
Hoedic (île d') (Morbihan) : 3904, 3997.
Hohneck (Alsace) : 2345.
Hohneck (Vosges) : 32, 1288, 1294, 1295, 1367, 1388, 1413, 1443, 1511, 1563, 1668, 1808, 1995, 2066, 2098, 2147, 2194, 2237, 2282, 2287, 2311, 2343, 2400, 2642, 2805, 2814, 3461, 3504, 3590, 3813, 3859, 3875, 3973, 4043.
Hohneck (escarpements du) : 1165.
Hohneck jusqu'à Gérardmer : 1866.
Honfleur (Calvados) : 49, 549*, 3359.
Hort-de-Diou près de l'Espérou (Cévennes) : 1930, 3023, 3875.
Hospice (bois de l') sous le port de Bénasque (Pyrénées) : 1753.
Hospitalet (l') (Pyrénées) : 1753, 1907, 2154, 3335.
Houat (Morbihan) : 3573.
Houat (île d') (Morbihan) : 171, 373, 682, 2652, 2687, 3890, 3913, 3997, 4284.
Houde-Gkenn (Nord) : 102.
Houle-du-Marboré (Pyrénées) : 57, 703, 1016, 1433, 1434, 1441, 1712, 1739, 1756, 1843, 1847, 2000, 2050, 2185, 2313, 2380, 2451, 2458, 2482, 2555, 2561, 2587, 3195.
Hourat (Pyrénées) : 3471.
Hourdel (pointe du) : 1098.
Hourquette (la) du pic du Midi (Pyrénées) : 1437.
Hourquette (entre le lac de Gaube et le port de la) : 8.
Huningue (Alsace) : 1827, 2045, 2058, 2109, 3776, 3849, 3969, 4161.
Huningue (bords du Rhin) : 3790.
Hyères (Var) : 33, 91, 94, 166, 167, 199, 239, 334, 485, 512, 533, 548, 560, 568, 680, 681, 684, 693, 765, 795, 822, 828, 832, 840, 841, 842, 847, 890, 898, 909, 933, 937, 946, 972, 976, 991, 1037, 1042, 1045, 1066, 1069, 1073, 1074, 1077, 1081, 1082, 1089, 1111, 1322, 1328, 1372, 1376, 1475, 1476, 1484, 1512, 1515, 1584, 1602, 1685, 1690, 1720, 1755, 1765, 1771, 1817, 1839, 1841, 1855, 1861, 1880, 1917, 1925, 1931, 1935, 1947, 1976, 1979, 1981, 2016, 2062, 2114, 2132, 2149, 2165, 2211, 2213, 2389, 2427, 2439, 2524, 2525, 2535, 2573, 2579, 2588, 2623, 2741, 2807, 2837, 2843, 2850, 2983, 2992, 3009, 3027, 3028, 3058, 3241, 3244, 3255, 3257, 3261, 3268, 3278, 3398, 3401, 3418, 3446, 3449, 3453, 3455, 3458, 3476, 3496, 3516, 3525, 3528, 3530, 3533, 3538, 3600, 3604, 3605, 3612, 3613, 3627, 3628, 3631, 3646, 3653, 3654, 3788, 3822, 3837, 3861, 3890, 3902, 3904, 3907, 3908, 3909, 3924, 3929, 3944, 3945, 3959, 3960, 3962, 3986, 3990, 3999, 4004, 4013, 4014, 4019, 4094, 4096, 4103, 4107, 4112, 4122, 4128, 4131, 4157, 4167, 4169, 4191, 4211, 4226, 4250, 4265, 4294.
Hyères (bords de la Méditerranée de Narbonne à) : 3794.
Hyères (entre Toulon et) : 2572.
Hyères (environs d') : 35.
Hyères et îles voisines : 3571.
Hyères (salines d') : 719.
Hyères (îles d') : 82, 122, 139, 202, 204,

222, 383, 404, 734, 745, 815, 833, 845, 858, 910, 981, 990, 992, 997, 1028, 1065, 1121, 1345, 1559, 1852, 2003, 2145, 2244, 2260, 2372, 2598, 2605, 2618, 2621, 2732, 2733, 2835, 2842, 2848, 2869, 2959, 2961, 2999, 3003, 3048, 3197, 3238, 3240, 3891, 3979, 3995, 4016, 4017, 4061, 4206.

I

IGORNAY (Saône-et-Loire) : 3802.
ILL (bords de l') : 4273.
ILL (entre l') et le Rhin : 3860.
ILLE (Pyrénées-Orientales) : 1987, 4002.
ILLE-ET-VILAINE : 3557, 3678.
ILLKIRCK (Bas-Rhin) : 1006.
IMBIÉS (île des) près de Toulon : 1513.
IMIER (Saint-) (Dauphiné) : 3849.
IMIER (entre Saint-) et la Grande-Chartreuse. V. Chartreuse.
INCUDINE (Corse) : 471, 1535, 3354.
INDRE : 2008, 2465, 2467, 2800, 3226, 3228, 3379, 3383, 3409, 3426, 3496, 3797, 3800, 3915.
INDRE-ET-LOIRE : 3079, 3426.
INGERSHEIM (Haut-Rhin) : 1669, 1815, 1932, 1960, 2267, 4100.
INTEL (marais d') (Morbihan) : 3790.
IRATI (forêt d') (Pyrénées-Occidentales) : 4083.
IRÉ (bourg d') : 102.
IRROUT (vallée du Rhône) : 2980.
ISÈRE : 4227.
ISÈRE (bords de l') : 3207.
ISÈRE (bords de l') près de Grenoble : 1813.
ISÈRE (vallée de l') : 3206, 4273, 4275.
ISÈRE (vallées de l') à Grenoble : 2291.
ISERON près de Lyon : 1717.
ISIGNY : 3952.
ISOARD (col d') (Alpes du Dauphiné) : 1455, 2451, 2473.
ISSOUDUN (Indre) : 313, 1484, 1603, 2079, 2951, 3499.
IS-SUR-TILLE près de Dijon : 2151.
ISSY-L'EVÊQUE (Saône-et-Loire) : 1606, 3802.
ISTRES (Bouches-du-Rhône) : 1897, 2992, 3020, 3059.
IVETTE (vallée de l') : 3808.
IVRY près de Paris : 1050.

J

JARD (Vendée) : 3996.
JARNAC (Charente) : 3653.
JARS (abbaye de) : 2160.
JASSE-DE-CADY (Canigou) : 2818, 3812.
JISOLE (Pyrénées) : 1736.
JOBOURG (Manche) : 2538, 3055.
JOBOURG (falaise de) : 170.
JOBOURG (Nez-de-) : 682.
JOEGERTHAL (vallée de) près de Niederbronn (Alsace) : 2408.
JONQUIÈRES près Beaucaire : 693, 1179, 2656.
JONQUIÈRES (étang de) près Beaucaire : 1326.
JONSAC (Charente-Inférieure) : 3871.
JONTE (gorges de la) près de Meyrueis (Lozère) : 1968.
JOURDAIN (île) (Vienne) : 2595.
JOUVENCE près de Dijon : 2046.
JOUVENCE (fontaine de) : 2038.
JOUX (lac de) (Haut-Jura) : 2745.
JOUX (bords du lac de) : 593.
JOUX (sous le château de) : 2568.
JOUX (vallée de) : 1661, 3351, 3352.
JOUY (environs de Paris) : 1293, 1868, 1980, 1999, 2370, 2384, 2500, 2503, 2541, 3440, 3460, 3615, 3624, 3640, 3894.
JOYEUSE (Ardèche) : 829, 1219, 1983, 2159, 2905, 2983.
JUAN (golfe) (Var) : 3225.
JUIGNÉ-SUR-LOIRE (Loire-Inférieure) : 800, 1329, 3776, 4010.
JUINE (rivière) près d'Etampes : 1553.
JUNIMON (Ain) : 1055.
JURA : 12, 13, 18, 31, 32, 36, 42, 61, 72, 80, 95, 99, 100, 109, 124, 125, 126, 128, 134, 156, 223, 229, 240, 242, 243, 251, 252, 256, 258, 269, 272, 279, 295, 312, 342, 346, 352, 398, 405, 411, 435, 450, 458, 460, 496, 527, 528, 545, 547, 553, 554, 564, 571, 574, 578, 580, 593, 600, 604, 655, 659, 696, 730, 743, 750, 753, 969, 1022, 1091, 1115, 1151, 1152, 1154, 1159, 1163, 1184, 1196, 1212, 1214, 1218, 1227, 1240, 1241, 1250, 1259, 1269, 1270, 1280, 1284, 1294, 1308, 1370, 1377, 1417, 1421, 1443, 1445, 1457, 1492, 1493, 1522, 1523, 1530, 1536, 1537, 1548, 1563, 1566, 1602, 1612, 1620, 1631, 1635, 1646, 1660, 1661, 1666, 1677, 1757, 1774, 1777, 1784, 1785, 1806, 1808, 1824, 1825, 1828, 1837, 1843, 1866, 1871, 1879, 1960, 2000, 2058, 2066, 2098, 2134, 2176, 2249, 2279, 2280, 2298, 2311, 2318, 2334, 2342, 2399, 2412, 2423, 2424, 2425, 2428, 2430, 2445, 2447, 2450, 2454, 2455, 2456, 2458, 2470, 2471, 2472, 2482, 2492, 2500, 2507, 2546, 2551, 2554, 2557, 2560, 2565, 2568, 2641, 2642, 2649, 2717, 2718, 2756, 2767, 2773, 2774, 2791, 2795, 2830, 2832, 2843, 2855, 2875, 2908, 2974, 3030, 3076, 3143, 3150, 3156, 3186, 3189, 3202, 3324, 3327, 3328, 3351, 3352, 3369, 3372, 3376, 3393, 3409, 3466, 3473, 3487, 3488, 3495, 3507, 3535, 3546, 3554, 3575, 3579, 3580, 3581, 3583, 3586,

3587, 3591, 3623, 3628, 3637, 3640, 3642, 3643, 3644, 3705, 3737, 3749, 3753, 3802, 3813, 3878, 3921, 3984, 4003, 4085, 4092, 4135, 4141, 4145, 4146, 4233, 4249, 4286, 4288.
Jura (chaîne du) : 401, 779, 819, 825, 859, 1095, 1206, 1224, 1615, 1617, 1758, 1804, 1830, 2042, 2043, 2046, 2048, 2076, 2151, 2276, 2489, 2761, 2919, 3519, 3770, 3809, 3859, 3869, 3880, 3919, 3973, 4091.
Jura (chaîne du) à Pontarlier, Bélieu, les Rousses, Colliard près de Nantua : 3775.
Jura (Haut-) : 26, 1183, 1242, 1418, 1420, 1439, 1796, 2266, 2303, 2400, 2405, 2426, 2448, 2745, 2771, 2803, 2814, 2831, 3215, 3306, 3330, 3393, 3395, 3452, 3493, 3578, 3590, 3639, 3641, 3661, 4237, 4244, 4247.
Jura (Haut-) sous le sommet de la Dôle : 1780.
Jura (hautes cimes du) : 2304.
Jura méridional : 2296.
Jura (monts) : 77, 1747, 2287, 3200.
Jura occidental : 2418.
Jura (pied du) : 3297.
Jura (région alpine du) : 2562.
Jura (région des sapins de la chaîne du) : 1668.
Jura (région subalpine du) : 1412, 2562.
Jura septentrional : 2483.
Jura (sommets du) : 1156, 1171, 2854.
Jura (tourbières du) : 2338.
Jurassique (chaîne) : 2429.
Jurassique (haute chaîne) : 2277.
Jurques (Calvados) : 3773.
Juset (mont) (Pyrénées) : 1437.
Juvénal (port) près de Montpellier : 1733.
Juvisy (environs de Paris) : 967, 1489, 1525, 1603, 2368.

K

Kaisersberg (Haut-Rhin) : 276, 1932.
Kastelwald près de Colmar : 1602, 3882.
Kocheren (Moselle) : 4073.

L

Labassère (Pyrénées) : 4038.
Labatsec (Pyrénées) : 212, 233, 254, 498, 1432, 1434, 1756, 1806, 2400, 2476.
Labatsec (mont) : 3075.
Lacroix (col) sur Abriès (Dauphiné) : 1456.
Lafons (pont de) (Pyrénées) : 1659.
Lagarde sur Gap : 120.
Lagnel (col) (Alpes du Dauphiné) : 3334, 3336.
Lagny (Seine-et-Marne) : 2257, 2541, 3222.
Lagueillère (Pyrénées-Orientales) : 1435.
Lahruns (Pyrénées) : 726, 2443.
Laid (mont) près des Eaux-Bonnes (Pyrénées) : 703, 851, 955, 1566, 1659, 1824, 1875, 2081, 2308, 2310, 2314, 2642, 3043, 3536, 3811, 4038, 4060.
Laigle (Orne) : 747, 1770.
Laillé (Ille-et-Vilaine) : 3892.
Lailly (Sologne) : 3499.
Laisney (Normandie) : 3806.
Lamalou près de Montpellier : 2216, 3461.
Lanapoul (Provence) : 499.
Lancey (combe de) (Dauphiné) : 3835.
Landerneau (Finistère) : 388, 4266.
Landes (les) : 69, 604, 830, 1121, 1168, 1720, 1981, 2173, 2465, 2504, 2517, 2518, 2755, 3366, 3496, 3522, 3523, 3578, 3782, 3785, 3806, 3936, 4031, 4048, 4062, 4098.
Landsberg (château) (Vosges) : 100, 1297.
Langres : 210, 1117, 1595, 1830, 1833, 2008, 3930, 4101.
Languedoc : 109, 119, 123, 153, 158, 167, 240, 266, 292, 370, 390, 403, 408, 493, 495, 500, 505, 539, 548, 568, 572, 604, 717, 775, 785, 786, 788, 853, 861, 907, 916, 965, 997, 1011, 1012, 1033, 1045, 1048, 1053, 1087, 1117, 1333, 1479, 1493, 1495, 1571, 1650, 1723, 1732, 1745, 1792, 1914, 2070, 2161, 2168, 2188, 2189, 2199, 2586, 2914, 3079, 3084, 3120, 3193, 3265, 3292, 3299, 3366, 3373, 3457, 3936, 3958, 3997, 4098.
Languedoc (Bas-) : 2897.
Lanoux (porteil de) près de Mont-Louis (Pyrénées) : 3931.
Lanquais (Dordogne) : 2595, 2862.
Lans (Alpes du Dauphiné) : 2821, 2945.
Lans (mont de) (Alpes du Dauphiné) : 27, 63, 173, 230, 233, 275, 844, 1007, 1018, 1151, 1164, 1171, 1177, 1371, 1528, 1714, 1815, 1883, 2095, 2187, 2266, 2345, 2348, 2485, 2561, 2768, 2923, 2965, 3339, 3391, 3921, 4038.
Lans (mont de) à Picmeyan : 2184.
Lantan (Alpes du Dauphiné) : 1171.
Lante (île de) près de Narbonne : 2107.
Lanujol (Gard) : 3519,
Lapalisse : 3795.
Lapège (montagne de) (Ariège) : 2725.
Laragne (Hautes-Alpes) : 1698, 1702, 1788, 2112, 2192.
Larchant (environs de Paris) : 566, 3663, 3937.
Larche (Basses-Alpes) : 183, 3029, 4043, 4082.
Larche (vallée de) (Basses-Alpes) : 4140.
Lardy (Seine-et-Oise) : 24, 405, 513, 615, 631, 633, 712, 803, 852, 920, 1313, 1366, 1505, 1546, 1576, 1662, 1663, 1769,

2008, 2079, 2087, 2354, 2374, 2635, 2736, 3192, 3416, 3583, 3589, 3602, 3649, 3795, 3828, 3954.
Larmont (le) près de Pontarlier : **1808.**
Larramet près Toulouse : **404.**
Las-Abeillas (entre Baujols-de-Mer et) (Pyrénées-Orientales) : **717.**
Lasalle (Languedoc) : **539.**
Laschamps (Auvergne) : **1444.**
Laschamps (plaine de) : **551.**
Lassey (Mayenne) : **2436.**
Lasson près de Caen : **1504.**
Lassourges (Gironde) : **3766.**
Lattes près de Montpellier : **736, 3558.**
Lauréol (Drôme) : **1179.**
Lautaret (Hautes-Alpes) : **17, 18, 22, 27, 112, 124, 183, 187, 283, 302, 488, 496, 498, 514, 517, 544, 577, 697, 743, 844, 956, 1006, 1007, 1013, 1021, 1023, 1024, 1025, 1053, 1057, 1097, 1133, 1165, 1173, 1177, 1181, 1247, 1262, 1302, 1357, 1371, 1425, 1437, 1494, 1527, 1531, 1565, 1566, 1567, 1616, 1621, 1632, 1694, 1707, 1710, 1714, 1741, 1757, 1805, 1809, 1823, 1824, 1826, 1837, 1846, 1847, 1863, 1871, 1881, 1883, 1884, 1888, 1890, 1907, 1944, 1945, 1946, 1955, 1997, 1998, 2049, 2052, 2054, 2055, 2076, 2094, 2095, 2098, 2112, 2177, 2183, 2185, 2187, 2194, 2266, 2277, 2279, 2287, 2293, 2295, 2298, 2302, 2303, 2305, 2306, 2307, 2317, 2320, 2328, 2345, 2348, 2359, 2377, 2378, 2383, 2386, 2394, 2398, 2399, 2407, 2411, 2447, 2456, 2458, 2474, 2475, 2477, 2485, 2486, 2548, 2549, 2552, 2556, 2557, 2561, 2642, 2735, 2752, 2768, 2814, 2819, 2821, 2822, 2824, 2847, 2929, 2962, 2964, 2965, 3016, 3021, 3043, 3186, 3188, 3189, 3215, 3318, 3329, 3333, 3334, 3335, 3336, 3338, 3339, 3340, 3350, 3353, 3391, 3405, 3412, 3435, 3461, 3500, 3501, 3581, 3632, 3726, 3727, 3774, 3807, 3814, 3816, 3838, 3849, 3857, 3858, 3874, 3875, 3877, 3878, 3879, 3921, 3984, 4035, 4038, 4041, 4049, 4053, 4059, 4060, 4081, 4088, 4133, 4134, 4137, 4148.**
Lautaret (Alpes du) : **1441.**
Lautaret (au-dessus du) : **2420.**
Lautaret (le) au Galibier : **1759, 2141, 2184.**
Lautaret aux glaciers du Bec et sur les rochers des Trois-Evêchés : **2479.**
Lautaret (col du) : **1889, 2000, 2344, 2414, 2644.**
Lautaret (montagnes des environs du) : **2346.**
Lautaret près de la Cabane (Alpes du Dauphiné) : **1175, 1188.**
Lautaret près de Grenoble : **3850.**
Lautaret (ravin du) (Alpes du Dauphiné) : **1187.**
Lautaret (route du Bourg-d'Oisans au). *V.* Bourg-d'Oisans.
Lauterbourg (Bas-Rhin) : **2834.**
Lautrec (Tarn) : **111.**
Lauzanier (mont) (Provence) : **498, 1883.**
Lauzerte (Tarn-et-Garonne) : **2079.**
Lauzonnier (lac du) (Alpes) : **3774.**
Lauzonnier (vallée du) (Alpes) : **4039.**
Laval : **158, 4098.**
Laval (forges de) (Jura) : **2066.**
Lavalette près de Montpellier : **390.**
Lavaudan (vallée du) (Pyrénées) : **2724.**
Lavaure (étangs de) près de Chassagny (Rhône) : **1330.**
Lavezzi (Corse) : **2729.**
Lavezzio (île de) (détroit de Bonifacio) : **590, 1466, 1467, 1559, 1575, 1919, 2011, 2064, 3699, 3995, 4250, 4253.**
Laxou près Nancy : **1219, 4146.**
Lay (vallée du) à la Bretonière (Vendée) : **3311.**
Layon (Anjou) : **937.**
Laz (forêt de) : **146.**
Lazaret près de Marseille : **1854.**
Léas (Hautes-Pyrénées) : **325.**
Lebrettes près de Narbonne : **727.**
Lectoure (Gers) : **1964, 2252.**
Lectoure (vallée de) (Pyrénées) : **2000.**
Leguevin (Haute-Garonne) : **3615.**
Lemps (Dauphiné) : **1104.**
Lencloitre (Vienne) : **4192.**
Lénoncourt (Meurthe) : **1614.**
Lens (Pas-de-Calais) : **1606.**
Léomont près de Lunéville (Lorraine) : **1000.**
Lerins (île de) (Provence) : **3065.**
Lespounette (Hautes-Pyrénées) : **531.**
Lessay (Manche) : **2426, 3890.**
Lessay (lande de) (Manche) : **4024.**
Leucate (Aude) : **2116.**
Leuglay (Côte-d'Or) : **1960.**
Levier (entre) et Pontarlier (Jura) : **1091.**
Lévignen (Oise) : **1770.**
Lévretet près de Narbonne : **1002.**
Lévy (coteau de) près de Dampierre (Paris) : **3821.**
Lez (bords du) près de Montpellier : **1869, 2036, 2513.**
Lez (rives du) près de Montpellier : **3242.**
Lez (sources du) près de Montpellier : **1109, 3651.**
Lézeville (Haute-Marne) : **2098.**
Liamone (bords du) (Corse) : **3357.**
Liancourt près Chaumont : **315, 1807, 1965, 2018, 3389, 3642, 3772.**

Liancourt-sous-Clermont (Oise) : 707, 1612.
Libos (Lot-et-Garonne) : 598.
Libourne (Gironde) : 932, 1603, 2014, 2602, 2862.
Licou (près le lac de) (Pyrénées) : 411.
Liézey (Vosges) : 3593.
Ligny (lac de) près de Colmars (Basses-Alpes) : 3680, 3840.
Ligueil (Indre-et-Loire) : 3792.
Ligugé (Vienne) : 339, 3886.
Lille : 2087, 3656, 3772, 3806, 3899.
Lillebonne (Seine-Inférieure) : 2560.
Limagne : 38, 393, 1669, 2008, 2046, 2354, 2375.
Limagne d'Auvergne : 1011, 1318, 1508, 1974, 3866, 4077, 4099, 4170.
Limagne d'Auvergne (coteaux de la) : 2109.
Limoges : 1292, 2269, 3429, 3795, 3806, 3831, 3892, 3929, 4026, 4210.
Limogne (Lot) : 3559.
Limousin : 830.
Limpré (Côte-d'Or) : 1864, 3772, 3831, 3859.
Lioran (le) (Cantal) : 806.
Lisey (mont) (Pyrénées) : 498, 703, 1041, 1806, 2989, 3021.
Lisieux (Calvados) : 102, 166, 403, 747, 1297, 1600, 2046, 2086, 2214, 2368, 2448, 2560, 2786, 2842, 2857, 2875, 3555, 3628, 3629, 3848, 3889, 4048, 4098, 4287, 4291.
Lispach (Vosges) : 3813.
Lissac (Lot) : 4170.
Livarot (Calvados) : 48, 2558, 2875.
Livernon (Lot) : 851.
Liverdun près de Nancy : 1304, 2008, 2857, 3869, 4146.
Liverdun dans l'île du Moulin : 1868.
Livet (Alpes du Dauphiné) : 127.
Livry (Seine-et-Oise) : 1085, 2397, 3192, 3400.
Llaurenti (Pyrénées) : 8, 27, 1171, 1430, 1431, 1433, 1436, 1437, 1666, 1679, 1703, 1717, 1753, 1756, 1844, 1870, 1871, 1887, 1997, 2185, 2194, 2276, 2313, 2406, 2451, 2458, 2474, 2712, 3075, 3151, 3180, 3329, 3340, 3493, 3575, 3812, 3814, 3838, 3858, 3878, 4038.
Llaurenti (étang de) : 1459.
Llaurenti (mont) (Pyrénées) : 1498, 1564, 1713, 2077, 2219, 2237, 2630.
Llaurenti (mont) près de l'Etang : 2555.
Lliaggone (Pyrénées) : 65.
Llo (vallée de) (Pyrénées) : 322, 577, 602, 628, 728, 1430, 1883, 1949.
Lo (val de) (Jura) : 2076.
Lobelles près les Vans (Ardèche) : 4229.
Loches (Indre-et-Loire) : 3226.
Lodève (Hérault) : 2685, 2794, 3431, 3913, 4096, 4168, 4170.
Loges (les) près de Versailles) : 37, 86, 480, 1574.
Loigné (marais de) près de Siué : 2426.
Loing (rives du) : 1258.
Loing (vallée du) : 3808.
Loir-et-Cher : 375, 2269, 2465, 2834, 3383, 3496, 3547, 3583, 3615, 3675, 3736, 3797, 3800, 3892.
Loir-et-Cher (château de Lavardin) : 2862.
Loire : 2257, 2465, 2489, 2779, 2832, 2834, 3210, 3383, 3496.
Loire (bords de la) : 800, 1318, 2109, 2270, 2488, 3111.
Loire (bords de la) jusqu'à Nevers : 1930.
Loire (bords de la) et de ses affluents : 1059.
Loire (bords et îles de la) au-dessous de Nantes : 3789.
Loire (côtes de l'Océan jusqu'à l'embouchure de la) : 3785.
Loire (cours de la) : 3312.
Loire (cours de la) de son embouchure à Tours : 3983.
Loire (de Bayonne à l'embouchure de la). V. Bayonne.
Loire (des Pyrénées à l'embouchure de la) : 2364.
Loire (embouchure de la) : 148.
Loire (îles de la) : 4026.
Loire (îles et rivières de la) de son embouchure à Decize. *V.* Decize.
Loire (marais de la) : 2461.
Loire (rives de la) : 3242, 3433.
Loire (rives de la) au-dessous de Nantes : 3787.
Loire (rives de la Basse-) : 3394.
Loire (sources de la) : 2201, 2278.
Loire (val de) (Loir) : 1067.
Loire (vallée de la) : 950, 951, 965, 1297, 1562, 1974, 2160, 2367, 2717, 2980, 3311, 3429, 3655, 3869, 3937, 4276.
Loire (vallée de la) à Nantes et à Angers : 903.
Loire (vallée de la) de Paimbeuf à Orléans : 3822.
Loire (vallée de la) depuis son embouchure jusqu'à Blois : 961.
Loire (vallée de la) jusqu'à Saumur : 3929.
Loire (vallée de la) jusqu'à Tours : 2921, 4020, 4156.
Loire (vallée de la) jusque dans Maine-et-Loire : 3790.
Loire (vallée de la Basse-) : 1625.
Loire (vallées de la) à Beaulieu, Chalonnes, Champtoceaux, Vezin, Saint-Maur, Thouaré, Nantes : 1554.

Loire (vallées de la) et de ses affluents : 833, 930, 1311, 1504, 1770, 2921, 3760, 3772, 3801, 4156, 4214.
Loire (Haute-) : 960, 1168, 1378, 1520, 1666, 2109, 2237, 2449, 2451, 2818, 2828, 2832, 2902, 3434, 3493, 3623, 3643, 4264, 4289.
Loire (montagnes de la Haute-) : 2237.
Loire-Inférieure : 117, 458, 2467, 2755, 2832, 3055, 3452, 3593, 3595, 3669, 3678, 3740, 3891.
Loiret : 2756, 3583, 3615, 3674.
Loiret (vallée du) : 1974.
Lollat (de) à la Coum-del-Tech. *V.* Coum-del-Tech.
Lomont-de-Pierrefontaine (le) (Jura) : 3535.
Lomont (crêtes du) : 335, 3376.
Longchamps (Hte-Marne) : 133, 364, 3312.
Londe (forêt de la) près d'Elbeuf (Seine-Inférieure) : 2447.
Longemer (lac de) (Vosges) : 137, 3899.
Longjumeau (Seine-et-Oise) : 761, 2366, 2838, 3882.
Longvay (Côte-d'Or) : 1974.
Longwy (Lorraine) : 1717, 1932.
Lons-le-Saulnier : 2832.
Lorient (Morbihan) : 1553, 1576, 1681, 3053, 3054, 3659, 3790, 3913, 3929, 4196.
Lorraine : 22, 28, 31, 36, 38, 39, 42, 80, 95, 109, 128, 154, 156, 165, 210, 237, 342, 458, 459, 554, 650, 658, 659, 753, 818, 821, 921, 969, 1000, 1029, 1056, 1099, 1112, 1152, 1195, 1196, 1214, 1224, 1227, 1230, 1241, 1250, 1254, 1278, 1290, 1304, 1362, 1368, 1369, 1495, 1587, 1606, 1614, 1646, 1654, 1677, 1777, 1810, 1830, 1881, 1932, 1974, 1984, 1994, 2008, 2098, 2170, 2173, 2231, 2257, 2285, 2418, 2421, 2447, 2488, 2503, 2507, 2531, 2746, 2755, 2779, 2832, 2840, 3111, 3122, 3145, 3189, 3200, 3202, 3203, 3210, 3211, 3281, 3409, 3433, 3434, 3452, 3495, 3546, 3580, 3581, 3583, 3585, 3615, 3617, 3634, 3637, 3639, 3640, 3642, 3655, 3675, 3705, 3753, 3800, 3871, 3883, 3919, 3920, 4073, 4084, 4091, 4212.
Lorraine (coteaux calcaires de la) : 1206, 1212.
Lorraine (marais salants de la) : 1831.
Lorraine (régions élevées de la) : 1095.
Lot : 563, 3471, 3477, 3559, 3600.
Lot-et-Garonne : 1815, 1830.
Loubet (bois de) près de Gap : 1530, 2928.
Loubet (bois de) sous le mont Aurouse près de Gap : 1013, 2487.
Loudun (Vienne) : 1103, 1974, 2037, 2046, 2079, 3313, 3989, 4040, 4098.
Loue (rochers dominant la) au-dessus de Châtillon (Jura) : 3376.
Loue (source de la) (Jura) : 1837.
Louis (Mont-) (Pyrénées-Orientales) : 17, 65, 67, 69, 73, 119, 128, 160, 219, 260, 357, 378, 536, 538, 563, 642, 860, 1093, 1255, 1387, 1498, 1529, 1534, 1615, 1622, 1637, 1665, 1679, 1797, 1824, 1843, 1844, 1847, 1871, 1875, 1930, 2014, 2072, 2078, 2202, 2319, 2354, 2375, 2385, 2451, 2466, 2488, 2555, 2557, 2642, 2712, 2725, 2761, 2820, 2855, 2893, 2894, 2927, 2945, 2947, 2989, 3023, 3041, 3114, 3228, 3461, 3545, 3615, 3715, 3717, 3727, 3743, 3800, 3858, 3866, 3928, 3929, 3930, 3975, 4043, 4101, 4142.
Louis (Mont-), derrière la citadelle : 301, 2313.
Louis (Mont-) (environs de) : 2328, 2406, 2468.
Louis (Mont-) dans la vallée d'Eynes : 58, 124.
Louis (Mont-), val Carol : 124.
Lourdes (Hautes-Pyrénées) : 451.
Lourdes (lac de) : 3806.
Louroux (le) (Indre-et-Loire) : 3776.
Louviers (Eure) : 1662, 2676.
Louvigny (prairies de) (bords du canal près de Caen) : 961.
Louvre (place du) (Paris) : 3079.
Lozère : 38, 347, 443, 571, 645, 650, 651, 1003, 1007, 1095, 1171, 1194, 1214, 1227, 1242, 1374, 1378, 1388, 1399, 1413, 1427, 1444, 1479, 1520, 1571, 1595, 1622, 1755, 1803, 1815, 1844, 1848, 1968, 1973, 2046, 2071, 2109, 2161, 2200, 2264, 2385, 2425, 2429, 2456, 2465, 2488, 2725, 2752, 2756, 2791, 2818, 2828, 2902, 3039, 3200, 3228, 3434, 3452, 3467, 3473, 3477, 3478, 3504, 3519, 3754, 3758, 3775, 3801, 3822, 3859, 3869, 3883, 3920, 4091, 4101, 4200, 4235, 4249, 4265.
Lozère (mont) : 954, 971, 1944.
Lozère (montagnes de la) : 779, 1492, 1499, 1511, 1615, 1617, 1830, 1856, 1878, 1947, 2098, 2185, 2240, 2307, 2407, 3461, 4085, 4140, 4144.
Lozon (bords du) à Carpentras. *V.* Carpentras.
Lubac (Dauphiné) : 2707.
Luc (le) (Var) : 1328, 1482, 2836, 2837, 3398, 3480, 3527, 3528, 3555, 3616, 3945, 3981, 4009, 4016, 4018, 4096.
Luc (environs de) (Var) : 1685.
Luchon (Pyrénées) : 154, 1168, 1753, 2964, 3376, 3578.
Luchon (pâturages au-dessus de) : 2820.

Luciennes (parc de) (environs de Paris) : 3820.
Luçon (Vendée) : 747, 963, 1603, 1974.
Lugny (Côte-d'Or) : 2649.
Lunans (Morbihan) : 4098.
Lunel (Hérault) ; 1050, 2122.
Lunéville (Meurthe) : 1151, 1195, 1614, 1832, 3801, 3802, 3809, 3823, 3883, 3928, 3930.
Lunéville (étang de Spada) : 3839.
Lurdé (col de) (Pyrénées) : 955, 4038, 4148.
Lurs près de Sisteron (Basses-Alpes) : 816.
Lury (cap Corse) : 3216.
Lusarches (Seine-et-Oise) : 164, 460, 503, 1313, 1546, 1599, 1735, 1807, 1965, 2248, 2454, 2613, 2667, 2754, 2783, 3227, 3545, 3602, 3607, 3615, 3618, 3649, 3771, 3784, 3797, 3872, 3882, 3886, 3954, 4105.
Lusette-en-Luz (Hautes-Alpes du Dauphiné) : 3405.
Lusignan (Vienne) ; 271, 1059, 3228.
Lussac (Vienne) : 1669, 2079, 3871.
Luttours (fond de la vallée de) (Pyrénées) : 2929.
Lutzelstein (Bas-Rhin) : 546.
Luyères (entre Creney et) (Aube). *V.* Creney.
Luz (Hautes-Pyrénées) : 1447, 2724, 3484, 3975, 4043, 4060, 4101.
Luz (mont de) (Pyrénées) : 2820.
Luz (route de) à Gavarnie. *V.* Gavarnie.
Luz-de-la-Croix-Haute (Drôme) : 1741.
Luzy (Nièvre) : 1606.
Lyon : 12, 18, 19, 25, 28, 37, 38, 39, 44, 67, 69, 86, 90, 105, 148, 158, 160, 165, 166, 223, 305, 331, 339, 346, 372, 385, 393, 398, 401, 403, 405, 411, 415, 428, 429, 440, 465, 505, 528, 545, 547, 554, 559, 613, 641, 642, 777, 793, 901, 911, 921, 937, 1000, 1011, 1067, 1087, 1105, 1106, 1112, 1117, 1167, 1181, 1230, 1231, 1232, 1233, 1238, 1245, 1246, 1252, 1254, 1353, 1355, 1368, 1369, 1381, 1483, 1493, 1504, 1571, 1572, 1573, 1574, 1586, 1587, 1593, 1600, 1602, 1603, 1613, 1615, 1655, 1662, 1666, 1669, 1677, 1684, 1691, 1698, 1699, 1700, 1704, 1705, 1706, 1723, 1740, 1746, 1763, 1777, 1786, 1795, 1797, 1798, 1813, 1815, 1830, 1832, 1833, 1843, 1855, 1864, 1869, 1914, 1923, 1932, 1937, 1968, 1969, 1973, 1974, 1986, 2008, 2021, 2046, 2061, 2062, 2068, 2099, 2109, 2113, 2120, 2126, 2132, 2139, 2160, 2170, 2173, 2207, 2229, 2231, 2269, 2330, 2336, 2338, 2354, 2367, 2375, 2397, 2404, 2418, 2496, 2521, 2523, 2544, 2575, 2595, 2606, 2608, 2616, 2637, 2662, 2675, 2678, 2687, 2699, 2745, 2755, 2761, 2779, 2834, 2862, 2870, 2882, 2904, 2905, 2919, 2949, 2974, 3020, 3023, 3024, 3034, 3041, 3082, 3084, 3141, 3177, 3204, 3211, 3280, 3384, 3426, 3465, 3466, 3488, 3502, 3543, 3592, 3609, 3616, 3617, 3628, 3657, 3669, 3707, 3710, 3711, 3717, 3737, 3760, 3766, 3772, 3782, 3787, 3789, 3790, 3791, 3792, 3797, 3801, 3802, 3808, 3809, 3822, 3828, 3829, 3849, 3855, 3859, 3869, 3871, 3898, 3899, 3915, 3919, 3920, 3923, 3928, 3930, 3937, 3947, 3958, 3970, 3991, 4003, 4017, 4020, 4023, 4026, 4034, 4060, 4062, 4084, 4085, 4094, 4099, 4129, 4156, 4170, 4190, 4199, 4209, 4210, 4211, 4221, 4255, 4276.
Lyon à Couzon et au mont Cindre : 1301.
Lyon à la Pape : 825.
Lyon (à la Tête-d'Or) : 14, 16.
Lyon (de) à Beaucaire. *V.* Beaucaire.
Lyon (de la Méditerranée à) : 653, 2364.
Lyon (de Vienne à) : 1033.
Lyon (environs de) : 2331, 2350, 2352, 2416, 2651, 2894.
Lyon le long du Rhône à) : 1984.
Lyonnais : 109, 370, 459, 818, 1029, 1374, 1379.
Lys (forêt du) (environs de Paris) : 3617, 3866.
Lys (cascade de) (Pyrénées) : 1433, 1434.
Lys (mont de) (Pyrénées) : 2400.
Lys (vallée du) (Pyrénées) : 1058, 2076, 2185, 2986, 3228.

M

Machecoul (Loire-Inférieure) : 3891.
Machecoul (marais de) : 3133.
Macon : 1662, 1777, 2086, 2173, 2330, 2521, 2703, 3426, 3487, 3630, 3789.
Macon (bords de la Saône) : 3782.
Macon (route de Châlons à). *V.* Châlons.
Madeleine (Alpes de la) (Dauphiné) : 808.
Madeleine (col de la) : 4038, 4148.
Madières près de Montpellier : 3006.
Madres (Pyrénées) : 387, 642, 1431, 1666, 1753, 1756, 2377, 2444, 2761, 3461.
Madres (monts de) dans le Capsir (Pyrénées) : 2142, 2476.
Maggiore (mont) (Corse) : 898.
Magny (Seine-et-Oise) : 37, 45, 111, 164, 196, 449, 453, 462, 609, 650, 722, 747, 801, 811, 1086, 1150, 1229, 1230, 1264, 1300, 1588, 1612, 1642, 1735, 1742, 1965, 2127, 2196, 2381, 2437, 2453, 2528, 2551, 2582, 2601, 2602, 2667, 2668, 2794, 2941, 3005, 3074, 3183, 3184, 3210, 3262, 3503, 3532, 3545, 3579, 3580, 3615, 3617, 3618, 3640, 3784, 4227.
Maguelone près de Montpellier : 690, 840, 976, 1324, 1463, 1926, 3018, 3058, 3059, 3069, 3497, 3508, 3512, 3525, 3818, 3990, 3996, 4107, 4112, 4196.

Maillisaies (Vendée) : 2079.
Maine : 1099.
Maine (bassin du) : 448, 1553.
Maine (lac du) (Pyrénées) : 3811.
Maine-et-Loire : 156, 405, 1230, 1421, 1777, 2269, 2443, 2488, 3079, 3320, 3433, 3489, 3557, 3629, 3678, 3731, 3736, 3790, 3802, 4276.
Maitre-Arnaud (glaciers de) (Hautes-Alpes du Dauphiné) : 1018.
Maizières (Lorraine) : 1932.
Maladetta (la) (Pyrénées) : 58, 233, 2078, 2311, 2479, 4142.
Maladetta (glaciers de la) : 1436.
Maladetta (pied de la) : 524, 3715.
Malafossan (gorge de) près de Pont-de-Beauvoisin (Isère) : 1449.
Malesherbes près Paris : 11, 16, 24, 37, 51, 67, 86, 100, 102, 109, 154, 196, 214, 317, 353, 403, 405, 450, 460, 462, 470, 566, 573, 633, 650, 691, 704*, 709, 801, 803, 826, 839, 852, 869, 901, 952, 1117, 1119, 1155, 1168, 1204, 1235, 1241, 1249, 1281, 1285, 1289, 1313, 1362, 1364, 1366, 1477, 1555, 1561, 1576, 1590, 1599, 1602, 1612, 1642, 1662, 1717, 1742, 1769, 1791, 1842, 1843, 1969, 2008, 2018, 2032, 2079, 2170, 2214, 2238, 2257, 2381, 2388, 2402, 2453, 2454, 2460, 2463, 2506, 2507, 2541, 2551, 2553, 2558, 2566, 2601, 2613, 2654, 2668, 2684, 2736, 2759, 2816, 2836, 2838, 2863, 2865, 2870, 2893, 2898, 2917, 2986, 3074, 3177, 3184, 3192, 3210, 3222, 3273, 3328, 3332, 3416, 3423, 3425, 3436, 3495, 3576, 3579, 3589, 3592, 3602, 3614, 3617, 3618, 3639, 3645, 3669, 3677, 3714, 3767, 3771, 3772, 3784, 3797, 3801, 3808, 3817, 3822, 3828, 3829, 3866, 3871, 3894, 3899, 3937, 3954, 3977, 4001, 4152, 4227, 4239.
Malesine (Dauphiné) : 1057.
Malgrange (la) près Nancy : 1211, 1213.
Malpas (canal du Midi) (Languedoc) : 1981.
Malpey (le) près de Fréjus : 3475.
Malrief (col) (Alpes du Dauphiné) : 2293, 2473.
Maluitra (Puy-de-Dôme) : 4077.
Malzéville près de Nancy : 3869.
Manche : 48, 69, 373, 468, 545, 1937, 2173, 2257, 2465, 2467, 2538, 3394, 3669, 3890.
Manche (bords de la) : 309, 561, 637.
Manche (côtes de la) : 423, 474, 563, 1331, 1528, 4181.
Manche (côtes de la) jusqu'au Havre. *V.* Havre.
Manche (marais maritimes de la) : 3790.
Manche (presqu'île de la) : 950, 1290, 2223, 2370, 2421, 2461, 2639, 2756, 2789, 3036, 3171, 3321.
Manche (presqu'île de la) à Tracy-sur-Mer et à la falaise de Carteret : 1469.
Mandeuil près de Nîmes : 2887.
Mandeure (chaîne du Jura) : 3973.
Mandriale près de Bastia : 698, 972.
Mandriale (la) au cap Corse : 2179.
Manduel près de Nîmes : 680, 919, 1324, 1542, 1902, 1974, 2030, 2113, 2809, 2922, 2970, 3002, 3733, 4201.
Manges (Anjou) : 3848.
Manival (Dauphiné) : 1809, 1837, 2046.
Manosque (Basses-Alpes) : 539, 4115, 4156, 4157.
Manosque (de) à Sisteron : 807.
Mans (le) : 47, 158, 293, 375, 376, 591, 793, 1105, 1106, 1124, 1421, 1593, 1603, 1842, 1974, 2046, 2062, 2467, 2882, 3079, 3775, 3776, 3795, 3797, 3802, 3806, 3848, 3882, 3889, 3892.
Mantel près du Moulin (Pyrénées-Orientales) : 2276.
Mantes (Seine-et-Oise) : 103, 111, 164, 190, 317, 353, 398, 433, 460, 525, 591, 650, 818, 821, 852, 928, 1011, 1086, 1117, 1119, 1150, 1509, 1551, 1662, 1769, 1770, 1815, 2062, 2273, 2381, 2789, 2832, 2895, 2917, 2986, 3005, 3074, 3149, 3183, 3494, 3495, 3580, 3589, 3607, 3614, 3617, 3618, 3622, 3645, 3649, 3932, 4100.
Manzac (Dordogne) : 2079.
Marboré (Pyrénées) : 145, 3880.
Marboré (Houle-de-). *V.* Houle.
Marbotte près de Saint-Mihiel (Lorraine) : 3797.
Marcadau (port de) (Pyrénées) : 3811.
Marcilly-en-Villette près d'Orléans : 1121.
Marcoussis (Seine-et-Oise) : 37, 38, 263, 526, 545, 760, 1086, 1101, 1105, 1293, 1301, 1525, 1555, 1815, 1856, 1916, 1965, 2170, 2448, 2541, 2946, 2983, 3133, 3162, 3767, 3802, 3836, 3872, 3887, 4228, 4245.
Mareuil-sur-Ourcq (environs de Paris) : 3005, 3074, 3576, 3771, 3809.
Mareuille-le-Port (Marne) : 210.
Margéride (la) (Lozère) : 3859.
Margueride (montagnes de la) (Languedoc) : 4140, 4148.
Marignac (Pyrénées) : 2264.
Marines (Seine-et-Oise) : 3828, 3886.
Maringues (Auvergne) : 1974.
Marly (Seine-et-Oise) : 37, 279, 315, 462, 629, 758, 852, 901, 1264, 1293, 1364, 1509, 1561, 1588, 1590, 1593, 1603, 1742, 1770, 1958, 2196, 2214, 2366, 2500, 2668, 2779, 2783, 2865, 2982, 3107, 3210, 3262, 3269, 3440, 3460,

3503, 3532, 3645, 3648, 3886, 4214, 4228, 4238, 4260.
Marmillac (Limagne) : 2046.
Marmillat (Puy-de-Dôme) : 4077.
Marne : 429, 458, 459, 1056, 1830, 1914, 2257, 2465, 3820.
Marne (cours de la) : 3311, 3312.
Marne (embouchure de la) : 1312, 1864.
Marne (Haute-) : 105, 501, 821.
Marolles (Seine-et-Marne) : 1842, 3955.
Maron près de Nancy : 2098.
Marsal (Meurthe) : 49, 612, 688, 1831, 3122, 3689, 4073.
Marsay (Vienne) : 313.
Marseille : 85, 86, 106, 147, 149, 162, 166, 192, 195, 201, 222, 239, 246, 330, 354, 374, 381, 385, 390, 391, 392, 393, 395, 396, 398, 399, 403, 407, 408, 463, 464, 495, 539, 548, 556, 562, 568, 599, 603, 618, 635, 645, 682, 687, 694, 736, 745, 790, 792, 795, 809, 827, 840, 843, 845, 860, 880, 889, 890, 892, 897, 900, 902, 946, 953, 990, 994, 995, 997, 1042, 1073, 1077, 1089, 1092, 1107, 1108, 1110, 1118, 1127, 1128, 1132, 1135, 1136, 1152, 1179, 1195, 1325, 1354, 1444, 1470, 1471, 1472, 1475, 1484, 1488, 1491, 1512, 1542, 1572, 1575, 1577, 1579, 1595, 1602, 1655, 1669, 1679, 1690, 1711, 1732, 1733, 1745, 1746, 1764, 1771, 1772, 1781, 1788, 1790, 1816, 1817, 1835, 1839, 1841, 1854, 1855, 1861, 1895, 1897, 1926, 1927, 1931, 1938, 1942, 1950, 1962, 1963, 1968, 1973, 1981, 1982, 1985, 2008, 2010, 2016, 2017, 2021, 2025, 2030, 2036, 2062, 2070, 2118, 2120, 2126, 2128, 2131, 2132, 2139, 2144, 2149, 2150, 2158, 2159, 2161, 2168, 2173, 2189, 2197, 2198, 2199, 2213, 2225, 2248, 2253, 2260, 2264, 2265, 2330, 2388, 2390, 2433, 2441, 2506, 2511, 2576, 2595, 2598, 2599, 2605, 2606, 2609, 2617, 2618, 2623, 2624, 2634, 2680, 2716, 2751, 2802, 2807, 2809, 2833, 2855, 2869, 2871, 2891, 2897, 2898, 2914, 2961, 2969, 2970, 2971, 2972, 2983, 2992, 3001, 3006, 3007, 3018, 3022, 3023, 3024, 3027, 3028, 3032, 3042, 3069, 3084, 3087, 3088, 3119, 3120, 3169, 3197, 3198, 3214, 3225, 3238, 3244, 3252, 3261, 3267, 3268, 3390, 3397, 3402, 3426, 3428, 3429, 3446, 3449, 3453, 3469, 3497, 3502, 3517, 3568, 3604, 3605, 3612, 3653, 3654, 3688, 3765, 3818, 3837, 3869, 3904, 3906, 3908, 3909, 3924, 3945, 3958, 3959, 3960, 3963, 3979, 3990, 3998, 3999, 4000, 4050, 4051, 4057, 4060, 4061, 4071, 4076, 4094, 4096, 4104, 4109, 4112, 4114, 4115, 4121, 4127, 4128, 4131, 4157, 4168, 4171, 4178, 4179, 4183, 4191, 4196, 4206, 4217, 4218, 4221, 4273.
Marseille (Lazaret de) : 1918.
Marseille (route de) à Toulon : 2167.
Marsillargues près d'Anduze (Gard) : 1324.
Marsonnay (vallon de) (Côte-d'Or) : 333.
Martigues en Provence : 1132, 3059, 3243.
Marsilly (Indre-et-Loire) : 153.
Marzy (Nièvre) : 1067.
Massiac (vallée de) (Cantal) : 1879.
Massiac (vallée de) à Murat : 2071.
Massive (la) (Pyrénées) : 2548.
Massive-de-Castanèze au-delà de Bénasque (Pyrénées) : 41.
Matachard près de Gap : 1907.
Matacharre (entre la Roche-Arnauds et) (Alpes du Dauphiné) : 2057.
Mauerhof (Alsace) : 2757.
Mauguio près de Montpellier : 3684, 3861, 4195.
Mauléon-Barousse (Pyrénées) : 3004.
Maures près de Nantes : 1329.
Maures (forêt des) (Var) : 935, 3794, 3852, 4017.
Mautand près de Marseille : 3584.
Mauves (rochers des) près de Nantes : 1080.
Mauzza (golfe de) près de Bonifacio (Corse) : 2263.
Maxéville (bois de) (Lorraine) : 1495.
Mayabat (pont de) (Pyrénées) : 2724.
Mayenne : 156, 2465.
Mayons (hameau des) (Var) : 3794.
Mazargue (Bouches-du-Rhône) : 687.
Meauffles (Eure) : 1158.
Meaux : 160.
Mecinaggio (Corse) : 3056.
Médassole (Pyrénées) : 309, 527, 531, 727, 1041, 1104, 1829, 2548, 3195.
Méditerranée (bords de la) : 149, 286, 561, 619, 637, 976, 992, 1331, 1463, 1503, 1528, 1605, 1624, 1639, 1937, 2542, 2545, 2794, 3050, 3094, 3099, 3170, 3239, 3377, 3511, 3512, 3659, 3771, 3772, 3785, 3923, 3977, 3996, 4070, 4071, 4073, 4074, 4108, 4111, 4112, 4114, 4122, 4131, 4177, 4195, 4196, 4197, 4198.
Méditerranée (bords de la) de Narbonne à Hyères : 3794.
Méditerranée (de la) jusqu'à Grenoble. *V.* Grenoble.
Méditerranée (de la) à Lyon. *V.* Lyon.
Méditerranée (de Paris à la) : 191, 891.
Méditerranéenne (région) : 49, 89, 225, 354, 400, 469, 647, 651, 677, 680, 686,

716, 774, 784, 789, 795, 817, 847, 883, 889, 892, 893, 945, 950, 1160, 1238, 1267, 1335, 1646, 1653, 1655, 1724, 1782, 1831, 2015, 2202, 2224, 2226, 2239, 2241, 2247, 2251, 2367, 2381, 2396, 2439, 2441, 2466, 2500, 2523, 2524, 2529, 2570, 2584, 2585, 2671, 2708, 2808, 2837, 2869, 2905, 2961, 3082, 3102, 3123, 3124, 3125, 3126, 3154, 3199, 3209, 3211, 3217, 3218, 3225, 3254, 3300, 3302, 3364, 3373, 3374, 3468, 3469, 3487, 3501, 3543, 3555, 3572, 3579, 3581, 3586, 3612, 3615, 3645, 3651, 3654, 3701, 3703, 3728, 3729, 3733, 3760, 3961, 3964, 3979, 3993, 3994, 3998, 3999, 4002, 4006, 4061, 4102, 4103, 4157, 4191, 4283.

Méditerranéenne (région de Nice à Perpignan : 1200.

Méditerranéenne (région) jusqu'à Avignon : 648.

Méditerranéennes (côtes) d'Antibes à Port-Vendres : 203.

Médoc (Gironde) : 80, 452.

Mélezet (le) près de Guillestre (Alpes du Dauphiné) : 22? 835, 1009, 1097, 1142, 1635, 2098, 2400.

Mélezet (chemin du) à Tournous : 836, 2607, 2650.

Melles (Pyrénées) : 154, 2266.

Melles (montagnes de) près de Saint-Béat (Pyrénées) : 1183.

Mello (bergerie de) (Corse) : 2892.

Mello (vallée de) : 1991, 2148.

Mello-sur-Corté (vallée de) : 71, 808, 1172.

Mélo (lac de) (Corse) : 3354.

Mélo (vallée de) : 3228.

Melun : 42, 69, 923, 1278, 1279, 1323, 1574, 1857, 1965, 2397, 2514, 2737, 2754, 2780, 2794, 2982, 3192, 3222, 3227, 3256, 3273, 3382, 3400, 3577, 3776, 3829, 3938.

Mende (Lozère) : 25, 40, 48, 132, 148, 158, 224, 247, 290, 331, 337, 443, 458, 539, 548, 591, 597, 829, 851, 1003, 1053, 1092, 1134, 1210, 1254, 1427, 1491, 1537, 1689, 1816, 1881, 1909, 1973, 2008, 2014, 2015, 2046, 2048, 2062, 2079, 2093, 2132, 2139, 2159, 2264, 2595, 2607, 2637, 2725, 2791, 2870, 2894, 2898, 2906, 2918, 2922, 3006, 3020, 3023, 3034, 3041, 3177, 3217, 3426, 3871, 3880, 3923, 3936, 3975, 3989, 4026, 4043, 4060, 4094, 4099, 4170, 4250.

Mende à la Margueride : 1872.

Mende à l'Hermitage de St-Privat : 1435.

Mende (montagnes près de) : 3984.

Mende (Maine-et-Loire) : 14.

Mendibelsa (Hautes-Pyrénées) : 3075.

Ménessaire (Côte-d'Or) : 3892.

Menez-Om (sur le) (Bretagne) : 4286.

Menilles près Pacy (Eure) : 165, 650.

Mennecy (Seine-et-Oise) : 42, 69, 86, 164, 398, 405, 449, 642, 655, 736, 760, 801, 942, 949, 1117, 1313, 1323, 1351, 1362, 1365, 1366, 1369, 1379, 1477, 1510, 1525, 1593, 1662, 1742, 2008, 2032, 2079, 2196, 2248, 2453, 2464, 2553, 2580, 2601, 2780, 2917, 3043, 3074, 3184, 3222, 3227, 3229, 3232, 3382, 3384, 3577, 3592, 3607, 3617, 3658, 3669, 3677, 3760, 3771, 3772, 3784, 3800, 3828, 3866, 3894, 3899, 3989, 4223, 4225, 4228, 4239, 4278.

Mennecy (roches de Beauvais près) : 398, 405, 1119, 1331, 1362, 1365, 1366, 1379, 1390, 2759.

Menteyer (Hautes-Alpes) : 816, 1003, 1252, 2945.

Menteyer (lac) près de Gap : 1103.

Merdenson (montagnes de) (Hautes-Pyrénées) : 1829.

Mérial (mont de) (Pyrén.-Orient.) : 2818.

Mérignac (Gironde) : 4040.

Mérillac près de Bordeaux : 4008.

Mérone (Alpes de Provence) : 1884.

Merry-sur-Yonne : 2008.

Méru (bois de) (Oise) : 3423, 3503, 3576, 3580, 3642.

Merville près l'embouchure de l'Orne : 1009.

Meschers (Charente-Infre) : 3191, 3200.

Meschers (rochers de la Gironde à) : 202.

Messey (Manche) : 1974.

Messiac (vallée de) (Cantal) : 1674.

Messigny (vallon de) (Côte-d'Or) : 1115.

Metz : 42, 128, 156, 422, 612, 695, 1056, 1195, 1205, 1210, 1217, 1225, 1248, 1392, 1409, 1495, 1614, 1634, 1868, 2008, 2087, 2381, 2567, 2855, 2857, 3200, 3203, 3433, 3802, 3825, 3831, 3915, 3930, 4101, 4161, 4209.

Metz (fortifications de) : 1974.

Meudon (Seine-et-Oise) : 16, 31, 80, 317, 449, 453, 480, 525, 587, 641, 658, 742, 758, 761, 793, 811, 860, 914, 1038, 1229, 1249, 1250, 1300, 1358, 1588, 1630, 1646, 1842, 1914, 1965, 2447, 2448, 2453, 2460, 2503, 2506, 2541, 2543, 2553, 2779, 2816, 2941, 2979, 2982, 3142, 3205, 3229, 3350, 3384, 3436, 3545, 3602, 3606, 3607, 3685, 3714, 3730, 3767, 3783, 3797, 3802, 3827, 3828, 3886, 3930, 4069, 4225, 4227, 4238, 4239, 4291.

Meudon (bois de) : 2351.
Meulan (Seine-et-Oise) : 449, 2917, 4100.
Meursault (Côte-d'Or) : 1593, 1603, 2978, 3034.
Meurthe : 2267, 2465.
Meurthe (cours de la) : 3312.
Meuse : 2267.
Meuvaines (marais de) près de Bayeux : 695.
Meyrueis (Lozère) : 3510.
Mezane (la) : 3461.
Mezarie (mont de) (Pyrénées centrales) : 2081.
Mezeaux (bois de) (Vienne) : 125.
Mezenc (le) (Ardèche) : 2185, 2240, 2276, 2278, 2378, 3493, 3519, 3641, 3722.
Mezenc (mont) (Ardèche) : 2338, 2386, 3751, 4091.
Mézières (Indre) : 3731.
Mézières (étangs de) : 4024.
Mezin (mont) (Ardèche) : 249, 347, 971, 1808, 1844, 1848, 1862, 1995, 2044, 2048, 2098, 2902, 4144, 4146, 4148.
Mézinc (mont) (Haute-Loire) : 2429.
Midi (canal du) (Languedoc) : 1939, 3657, 3683.
Midi (pic du) (Pyrénées) : 57, 145, 294, 475, 482, 498, 1013, 1165, 1433, 1434, 1436, 1451, 1499, 1708, 1713, 1824, 1847, 1870, 1883, 1888, 1912, 1998, 2078, 2185, 2476, 2477, 2479, 2482, 2548, 2561, 2823, 3021, 3189, 3338, 3339, 3536, 3812, 3838, 3858, 3934, 4038, 4088.
Midi (pic du) au Trou-de-Montariou : 1425.
Midi (sous le pic du) : 411.
Mielles (Calvados) : 437.
Mijanès (mont de) (Pyrénées) : 2406.
Milhau : 2199, 3039.
Millas (Roussillon) : 1852.
Mine (pic de la) (Pyrénées) : 2442.
Mir (tour de) près de Prats-de-Mollo (Pyrénées-Orientales) : 2820.
Mirabeau près de Manosque (Basses-Alpes) : 3234, 3560.
Miramar (Provence) : 985.
Miramas près de Marseille : 1816, 2245.
Miramas (marais de) près de Marseille : 2203.
Mirande : 2079.
Mirande (entre Auch et) : 3596.
Mirecourt : 1064, 2058, 3831, 3930, 4209.
Mireval près de Montpellier : 685, 1512, 1556, 3861.
Mi-Voie (la) près de Rouen : 433.
Mocce (bergerie de) (Corse) : 2317.
Moerens (Pyrénées) : 2343, 2456.
Moëze (Charente-Inférieure) : 3996, 4120.
Moines (île aux) (Morbihan) : 3525, 4120.
Moissac : 1484, 1598, 1603, 1810, 1815, 1843, 1879, 1914, 1931, 1964, 1973, 2008, 2023, 2079, 2120, 2169, 2443, 2595, 2687, 2897, 2922, 3397, 3869, 3923, 3937, 3989, 4120, 4170, 4212.
Moissac (bords du Tarn à) : 1911.
Moissière (la) (Alpes du Dauphiné) : 421.
Moissière (montagne de) près de Gap : 438.
Molard (le) près de Belley (Ain) : 1741.
Moligt (bains de) (Pyrénées-Orientales) : 444, 452.
Molines-en-Champsaur (Alpes du Dauphiné) : 1874, 1942, 3334, 4236.
Molines (col vieux au-dessus de) : 2165.
Mollo (vallée de) (Corse) : 2958.
Momards (de Saint-Seurin aux) (Charente-Inférieure) : 194.
Mondammergues (Lot) : 3907.
Monné (pic de) (Pyrénées) : 325, 1020, 1910, 1912, 2964.
Monnier (mont) (Basses-Alpes) : 233, 544, 1382, 1402, 1547, 1907, 1944, 1946, 2343, 2377, 2394, 2548, 2965, 3504, 3931, 4088, 4142.
Monsillon près Montpellier : 994.
Montarban (étang de) (Vienne) : 4048.
Montaret (Alpes du Dauphiné) : 32.
Montargin (Loire) : 339.
Montarnaud (Montpellier) : 3020.
Montauban : 119, 148, 378, 613, 797, 932, 1033, 1045, 1484, 1593, 1603, 1745, 1774, 1815, 1879, 1914, 1931, 1964, 1973, 1986, 2079, 2120, 2150, 2159, 2595, 2687, 2897, 3397, 3538, 3651, 3869, 4170, 4212.
Montauban (cascade de) : 2725.
Montaud (près de Salon) (Bouches-du-Rhône) : 147, 402, 693, 889, 994, 995, 1089, 1118, 1126, 1132, 1135, 1136, 1324, 1575, 1608, 1764, 1766, 1768, 1835, 1855, 1941, 1942, 1947, 1963, 2009, 2010, 2114, 2122, 2126, 2131, 2606, 2617, 2620, 2662, 2681, 2871, 2922, 2969, 2992, 3007, 3022, 3069, 3226, 4044.
Montaudoux (Auvergne) : 3869.
Montaulieu (Aude) : 1484, 1485, 1852, 1911.
Montbard (Côte-d'Or) : 157.
Montbéliard (Doubs) : 100, 305, 1055, 1087, 2087, 3141, 3491? 3492, 3675, 3813, 3839, 3882, 3899, 3920, 3930, 4209.
Montbonot près de Grenoble : 3510.
Montbrison : 793, 800, 963, 1210, 1508, 1586, 1613, 1746, 1914, 2008, 2595, 2616, 2705, 2882, 2893, 3023, 3041, 3792, 3919, 3928, 3937, 4020, 4026, 4099, 4209.

Montbrun près de Cajare (Lot) : 3560.
Mont-de-Brousset (Pyrénées) : 1415.
Mont-de-Marsan : 48, 246, 830, 937, 1720, 2789, 3226, 3233, 3523, 3555, 3628, 3766, 3782, 3823, 3843, 3986, 4009, 4040, 4048, 4058.
Montdragon près d'Orange : 1585.
Monteils (Lozère) : 2046.
Monteih (Lozère) : 1435.
Montélimart (Drôme) : 106, 116, 148, 151, 157, 167, 385, 478, 778, 797, 809, 932, 1108, 1137, 1508, 1792, 1835, 1931, 1964, 2021, 2047, 2093, 2097, 2120, 2618, 2914, 2970, 2971, 3023, 3373, 3785, 4004.
Montélimart (de Fréjus à). *V.* Fréjus.
Montendre (Charente-Inférieure, arrondissement de Jonzac) : 563, 747, 1668, 1815, 4286.
Montendre (de) à Montlieu : 45, 3359.
Montespé (sommet du) (Pyrénées) : 4142.
Montet (bois) près de Gap : 3626.
Montet (le) (Meurthe) : 695.
Montfalcon près de Roybons (Isère) : 2434.
Montferrand (Puy-de-Dôme) : 239, 3543, 3883.
Montferrier près de Montpellier : 2080.
Montfort (Gers) : 1645.
Montfort (Pyrénées) : 2184.
Montfort-l'Amaury (Seine-et-Oise) : 45, 1202, 2541, 3383, 3775, 3776, 3792, 3892, 3894, 4228, 4278.
Montgarou (Orne) : 2209.
Montgeron près de Paris : 525, 1105, 1477, 2922.
Monthyon près Meaux : 102, 160, 164, 2488, 3400, 3839.
Montigny-Lallier (Aisne) : 3809.
Montlieu (Charente-Inférieure, arrondissement de Jonzac) : 647, 2079, 2461, 4120.
Montlieu (de Montendre à). *V.* Montendre.
Montlieu (landes de) : 3189.
Mont-Lihe (Allier) : 1669.
Mont-Louis. *V.* Louis (Mont-).
Montluçon (Allier) : 1554, 1600.
Montmajor (Bouches-du-Rhône) : 790, 1544, 2898.
Montmazour (étang de) près Arles : 444, 452.
Montmorency (Seine-et-Oise) : 42, 164, 300, 449, 526, 545, 1095, 1264, 1510, 1555, 1582, 1590, 1593, 1603, 1735, 1777, 1842, 1856, 1873, 1965, 1999, 2014, 2018, 2196, 2384, 2436 et la var., 2447, 2454, 2500, 2503, 2506, 2558, 2581, 2783, 2865, 2917, 2952, 3184, 3425, 3460, 3503, 3509, 3532, 3576, 3577, 3614, 3615, 3617, 3624, 3640, 3728, 3767, 3817, 3836, 3841, 3883, 3886, 4152, 4225, 4227, 4238, 4260.
Montmorillon (Vienne) : 2079, 2201, 2595, 2698, 3823, 4024, 4048, 4210, 4211.
Montmorot près Lons-le-Saulnier : 4073.
Mont-Orhy (Pyrénées) : 1637.
Montpellier : 12, 15, 33, 34, 37, 40, 44, 67, 85, 86, 91, 94, 108, 110, 116, 123, 147, 148, 149, 151, 153, 158, 162, 164, 165, 166, 167, 192, 198, 201, 202, 205, 222, 224, 239, 246, 313, 354, 367, 378, 381, 382, 383, 384, 385, 391, 392, 393, 394, 396, 398, 404, 405, 407, 408, 444, 452, 464, 478, 548, 556, 562, 597, 647, 650, 677, 736, 748*, 778, 792, 809, 827, 832, 840, 841, 842, 843, 847, 880, 881, 887, 890, 892, 893, 894, 895, 896, 897, 900, 903, 909, 923, 937, 938, 946, 953, 994, 997, 1012, 1028, 1039, 1042, 1050, 1061, 1069, 1089, 1092, 1107, 1108, 1110, 1111, 1126, 1127, 1128, 1131, 1134, 1136, 1137, 1160, 1245, 1246, 1252, 1255, 1345, 1350, 1354, 1361, 1376, 1421, 1444, 1475, 1476, 1484, 1488, 1491, 1503, 1515, 1542, 1544, 1559, 1577, 1579, 1584, 1588, 1602, 1629, 1655, 1679, 1699, 1702, 1724, 1744, 1745, 1746, 1755, 1763, 1764, 1765, 1771, 1782, 1790, 1816, 1819, 1839, 1841, 1855, 1895, 1897, 1902, 1927, 1931, 1934, 1935, 1942, 1950, 1963, 1968, 1973, 1974, 1981, 1988, 2010, 2016, 2017, 2020, 2021, 2025, 2062, 2070, 2072, 2086, 2087, 2093, 2097, 2113, 2116, 2120, 2121, 2122, 2126, 2131, 2132, 2139, 2144, 2149, 2150, 2159, 2161, 2173, 2183, 2189, 2191, 2197, 2198, 2199, 2203, 2213, 2225, 2265, 2336, 2427, 2433, 2434, 2439, 2441, 2466, 2488, 2506, 2511, 2524, 2535, 2542, 2544, 2576, 2579, 2586, 2595, 2606, 2609, 2617, 2618, 2620, 2623, 2646, 2656, 2658, 2662, 2663, 2672, 2673, 2675, 2680, 2685, 2687, 2693, 2694, 2695, 2699, 2700, 2732, 2741, 2751, 2752, 2764, 2777, 2834, 2837, 2839, 2861, 2863, 2865, 2866, 2869, 2871, 2891, 2897, 2898, 2922, 2961, 2969, 2970, 2971, 2972, 2973, 2983, 2992, 3003, 3007, 3024, 3025, 3032, 3067, 3082, 3084, 3088, 3101, 3105, 3116, 3119, 3120, 3121, 3127, 3160, 3172, 3177, 3193, 3214, 3225, 3241, 3250, 3261, 3267, 3268, 3285, 3364, 3397, 3402, 3413, 3429, 3431, 3459, 3469, 3523, 3526, 3533, 3534, 3542, 3547, 3555, 3559, 3573, 3584, 3600, 3612, 3628, 3629, 3651, 3688, 3692, 3720, 3736, 3741, 3765, 3766, 3788, 3837, 3869, 3890, 3904, 3909, 3916, 3917, 3919, 3929, 3963, 3979, 3981, 3991, 3998, 3999, 4000, 4002, 4003, 4004, 4005, 4009, 4014, 4017, 4019, 4061, 4070, 4071, 4077, 4094, 4096, 4109,

4114, 4115, 4131, 4149, 4156, 4157, 4167, 4168, 4169, 4171, 4175, 4183, 4188, 4189, 4191, 4197, 4199, 4206, 4210, 4218, 4221.
Montpellier à Campouladoux. *V.* Campouladoux.
Montpellier à Figuerolles : 1219.
Montpellier au bord du Lez : 1869.
Montpellier (de Nice à) : 3424.
Montpellier (de Perpignan à) : 2526, 2530, 3502.
Montpellier (entre Cette et). *V.* Cette.
Montpellier (sables de) : 2864.
Montpezat (Provence) : 539.
Montpezat (entre) et Thueyts : 331.
Montpinson (Calvados) : 2558.
Montpont (Dordogne) : 518.
Montramé (bois de) près Provins : 826.
Montredon près de Marseille : 494, 718, 878, 948, 1014, 1929, 1962, 2107, 2860, 3002, 3060.
Montreillan (Nièvre) : 3823.
Montrésor près de Loches (Indre-et-Loire) : 2857.
Montreuil (Maine-et-Loire) : 273.
Montreuil (Seine) : 365.
Montrichard (Loir-et-Cher) : 344.
Montrond (château de) à Saint-Amand (Cher) : 274.
Montrouge près Paris : 1085, 2196, 2388.
Mont-Valérien (Seine) : 190, 220, 509, 803, 1506, 1546, 2214, 2917.
Montvaux (vallon de) près de Metz : 695, 1055.
Morange (Lorraine) : 3122.
Morbec près d'Hazebrouck (Nord) : 102, 501.
Morbihan : 90, 1311, 1576, 1717, 2374, 2807, 3137, 3557, 3595, 3630.
Morbihan (côtes du) : 792, 1634.
Morbihan (golfe du) : 3692.
Morestel (Isère) : 1786, 2012, 2949.
Moret près de Fontainebleau : 69, 1099, 1258, 1289, 1525, 1555, 2464, 2798 (var.), 3192, 3222, 3227, 3235, 3576, 3592, 3685, 3776, 3829, 3894, 3955, 4152, 4192, 4239.
Morgon (mont) près de Briançon : 1946, 2140, 2394, 2707, 3472.
Morlaas (Pyrénées) : 3551.
Morlaix : 2538.
Mornas près d'Orange (Vaucluse) : 329, 490, 1938.
Moronvilliers (Marne, canton de Beine) : 826.
Mortagne (Orne) : 174, 1392.
Mortagne (Vendée) : 3054, 3228, 3543.
Mortagne près Mirabeau et Montlieu (Poitou) : 3296.
Mortagne (de la Gironde à) : 3213.
Mortagne (de) à Montlieu : 3496.
Mortain : 158, 161, 411, 451, 1311, 1553, 2435, 2789, 2877*, 3828, 3889, 3892, 4266, 4286, 4287, 4291.
Morteau (Doubs) : 1631, 2098, 2489, 2568.
Morteau (bords du Doubs de Pontarlier à) : 3144.
Mortefontaine près de Senlis : 31, 449, 450, 451, 509, 566, 748, 757, 1289, 1300, 1555, 1807, 1958, 2040, 2381, 2436, 2447, 2454, 2463, 2551, 2558, 2581, 2756, 3328, 3332, 3576, 3592, 3615, 3663, 3667, 3669, 3685, 3739, 3771, 3772, 3784, 3797, 3805, 3808, 3820, 3828, 3841, 3885, 3886, 3894, 4152, 4227, 4239, 4242.
Mortheau-en-Dampierre (marais de) (Vendée) : 4010.
Morthomier (Cher) : 3204, 3871, 4060.
Mortrée (Orne) : 3886.
Morvan (Nièvre) : 1392, 1844, 1856, 4146.
Morvaux (fond de) près de Nancy : 2098.
Moselle : 2267.
Moselle (cours de la) : 3312.
Moselle (îles de la) : 1868.
Mosson (rives de la) près de Montpellier : 3242.
Moucherolle (la) près de Grenoble : 57, 59, 212, 435, 1170, 1181, 1428, 1715, 1812, 1823, 2171, 2304, 2400, 2436, 2458, 2479, 2483, 3004, 3075, 3339, 3472, 3644, 3880, 3973, 4053, 4079, 4141.
Moudet (bois) près de Gap : 67.
Mouen près de Caen : 1358.
Mouillère (forêt de) (Poitou) : 1059.
Moularès (Tarn) : 2370.
Moulin (étang du Grand-) : 4236.
Moulin-a-Vent (côte du) près de Marais-Vernier (Eure) : 513.
Moulines (Vienne) : 3975.
Moulines (landes de) : 4048.
Moulinet (Vendée) : 851.
Moulins : 2109, 3795, 3822, 3915, 3989.
Moulismes (forêt de) (Vienne) : 3230.
Mourmelon-le-Grand entre Châlons-sur-Marne et Reims : 2037.
Mournier (mont) (Alpes de Provence) : 64.
Mourrière près de Toulon : 1012, 2923.
Mouthe (Jura) : 1631.
Mouthier (sur la Loue) (Jura) : 2649, 4003.
Mouthier (val de) (Jura) : 2076.
Moutiers-Hubert (Calvados) : 128.
Moutiers-Hubert (forêt du) : 2558.
Moutoir près de Nantes : 3917.
Mouzac (Dordogne) : 4033.
Moyenvic (Meurthe) : 49, 1831, 3122, 4073.

Moyeuvre (Moselle) : 1932.
Moyeuvre (forêt de) (Moselle) : 3376.
Muga (route de la) à Saint-Aniol et Can-Mouratou-de-Ribeil. *V.* Saint-Aniol.
Mulatière (la) près de Lyon : 2124.
Mulhouse (Alsace) : 1181, 1304, 1508, 2087, 2109, 3426, 3828, 3849.
Munster (Meurthe) : 1843.
Munster (vallée de) : 3859.
Murat (vallée de Massiac à) (Cantal) : 2071.
Mure (la) (Isère) : 32, 466, 1538, 2185, 2438, 2439, 2488.
Mure (bois de la) près de Grenoble : 2501.
Mure (chemin de Gap à la) : 2930.
Murtres (Haute-Garonne) : 2802.
Murvielle (Provence) : 390.
Mutzig (Bas-Rhin, canton de Molsheim) : 226, 1947, 2255, 3142, 3829, 3920, 4100.
Muy (entre le) et le Pujet (Provence) : 379.

N

Nancy : 14, 15, 42, 69, 128, 150, 165, 405, 414, 415, 422, 612, 613, 641, 642, 656, 695, 1056, 1090, 1146, 1195, 1205, 1208, 1210, 1217, 1221, 1225, 1226, 1228, 1250, 1282, 1290, 1304, 1320, 1353, 1384, 1392, 1409, 1495, 1654, 1832, 2058, 2068, 2086, 2087, 2270, 2339, 2351, 2354, 2408, 2465, 2467, 2690, 2697, 2702, 2703, 2707, 2855, 2856, 2954, 3105, 3133, 3139, 3141, 3200, 3203, 3445, 3487, 3620, 3674, 3783, 3809, 3869, 3883, 3915, 3928, 3930, 3970, 4129, 4133, 4169, 4209.
Nancy (près de) à Champigneules : 1615.
Nanteau (bois de) près de Paris : 1366.
Nantes : 42, 47, 53, 69, 92, 105, 156, 158, 161, 164, 228, 266, 319, 375, 448, 459, 499, 561, 562, 612, 613, 639, 641, 642, 658, 870, 983, 1600, 1603, 1717, 1842, 1896, 1986, 2046, 2170, 2173, 2231, 2262, 2370, 2421, 2461, 2464, 2465, 2470, 2518, 2633, 2687, 2711, 2789, 2880, 2943, 2980, 3079, 3105, 3111, 3177, 3203, 3226, 3280, 3320, 3541, 3545, 3594, 3634, 3676, 3688, 3697, 3714, 3715, 3731, 3775, 3776, 3790, 3800, 3806, 3821, 3848, 3855, 3882, 3889, 3892, 3898, 3899, 3904, 3913, 3915, 3929, 3936, 3970, 4010, 4024, 4098, 4129, 4210, 4212, 4276.
Nantes (bords et îles de la Loire au-dessous de) : 3789.
Nantes (de Bayonne à) : 2495.
Nantes (de Dunkerque à). *V.* Dunkerque.
Nantes (marais de l'Erdre) : 2426.
Nantes (tout l'Ouest de Paris à) : 2423.
Nantes (sables de l'Océan de Bayonne à). *V.* Bayonne.
Nantua : 135, 247, 332, 1307, 1418, 1691, 1750, 2076, 2098, 2099, 2771, 3554, 3849, 3973, 4003.
Nanuras (Charente-Inférieure) : 4120.
Napoléon-Vendée : 1191, 1553, 1554, 1600, 1603, 2086, 2370, 2687, 2882, 3228, 3394, 3628, 3802, 3892, 3899, 3913, 3929, 4098, 4210, 4212.
Napoléonville (Morbihan) : 2465.
Napoule (Var) : 1066, 1902.
Narbonne : 37, 86, 90, 110, 116, 121, 147, 151, 153, 157, 162, 164, 166, 167, 192, 198, 201, 222, 378, 380? 381, 382, 383, 384, 385, 386, 387, 389, 390, 391, 392, 393, 396, 407, 408, 430, 556, 613, 645, 714, 718, 736, 768, 778, 781, 792, 795, 809, 822, 827, 843, 847, 860, 863, 874, 878, 884, 892, 893, 894, 946, 994, 1042, 1089, 1108, 1109, 1110, 1112, 1126, 1127, 1128, 1136, 1137, 1146, 1152, 1160, 1255, 1297, 1344, 1347, 1350, 1358, 1361, 1381, 1384, 1444, 1463, 1476, 1484, 1491, 1526, 1542, 1577, 1579, 1588, 1592, 1602, 1655, 1679, 1682, 1724, 1740, 1746, 1755, 1763, 1771, 1782, 1816, 1819, 1835, 1841, 1869, 1879, 1895, 1897, 1906, 1914, 1927, 1931, 1934, 1935, 1938, 1942, 1950, 1968, 1979, 1981, 1987, 2009, 2010, 2016, 2021, 2025, 2027, 2036, 2062, 2072, 2113, 2116, 2120, 2121, 2122, 2126, 2128, 2131, 2132, 2144, 2149, 2150, 2154, 2159, 2161, 2173, 2176, 2181, 2189, 2197, 2198, 2202, 2215, 2225, 2239, 2247, 2265, 2330, 2388, 2427, 2434, 2439, 2441, 2524, 2535, 2576, 2588, 2604, 2609, 2617, 2618, 2620, 2623, 2646, 2662, 2673, 2680, 2681, 2725, 2732, 2739, 2752, 2764, 2802, 2807, 2837, 2869, 2871, 2887, 2891, 2922, 2969, 2970, 2971, 2972, 2973, 2983, 2992, 2997, 3002, 3011, 3018, 3020, 3024, 3027, 3028, 3032, 3041, 3059, 3067, 3082, 3084, 3087, 3088, 3117, 3119, 3120, 3127, 3134, 3148, 3160, 3193, 3225, 3233, 3241, 3261, 3268, 3413, 3458, 3469, 3484, 3497, 3517, 3526, 3533, 3534, 3559, 3573, 3581, 3612, 3628, 3657, 3682, 3720? 3728, 3733, 3734, 3741, 3761, 3788, 3869, 3904, 3907, 3909, 3916, 3917, 3919, 3929, 3940, 3959, 3960, 3963, 3979, 3981, 3996, 3999, 4002, 4004, 4005, 4013, 4014, 4019, 4043, 4051, 4060, 4061, 4070, 4071, 4094, 4096, 4104, 4107, 4112, 4114, 4115, 4149, 4157, 4171, 4191, 4206, 4210, 4218, 4273.
Narbonne au Pech-de-la-Nielle, à Sijean et à la Clappe : 569.
Narbonne (bords de la Méditerranée) à Hyères : 3794.
Narbonne (de Cette à). *V.* Cette.
Narbonne (entre) et Perpignan : 1569.
Narbonne (île Sainte-Lucie) : 1343.
Narse-d'Espinasse (monts Dore) : 3776.

Naux (Indre-et-Loire) : 3625.
Navarreine (Basses-Pyrénées) : 34.
Naye (Loire-Inférieure) : 3776.
Né (mont) (Hautes-Pyrénées) : 1712.
Nemours (Seine-et-Marne) : 37, 69, 86, 102, 103, 109, 173, 214, 315, 317, 353, 364, 398, 453, 462, 525, 566, 573, 615, 803, 826, 838, 928, 951, 967, 1235, 1258, 1285, 1289, 1358, 1364, 1365, 1366, 1379, 1474, 1489, 1509, 1555, 1561, 1576, 1580, 1588, 1599, 1769, 1770, 1798, 1815, 1830, 1857, 1969, 1974, 2008, 2079, 2170, 2214, 2381, 2454, 2463, 2464, 2506, 2553, 2558, 2736, 2759, 2790, 2832, 2917, 2942, 2986, 3074, 3177, 3192, 3232, 3235, 3269, 3416, 3436, 3494, 3495, 3576, 3589, 3592, 3602, 3614, 3615, 3618, 3624, 3639, 3669, 3677, 3685, 3714, 3760, 3767, 3771, 3772, 3776, 3784, 3797, 3800, 3808, 3828, 3829, 3894, 3954, 4001, 4225, 4228, 4234, 4258.
Nemours (Breteuil près) : 462.
Néouville (Pyrénées) : 1387, 1436, 2476.
Nérou près de Grenoble : 2201.
Neufbrisach (Haut-Rhin) : 40, 2151, 3789, 3882, 4077.
Neufchateau (Vosges) : 422, 1056, 1374, 3133, 4101.
Neufchatel (Seine-Inférieure) : 100, 1728, 1843, 3639.
Neufmarché-en-Lyons (Seine-Infre) : 271.
Neuhoff (Bas-Rhin) : 1006.
Neuilly-sur-Marne : 157, 566, 707, 2288, 3227, 3479, 3576, 3600, 3642.
Neuilly-sur-Seine : 1561, 1612, 1873.
Neuviller (Bas-Rhin) : 1232.
Neuvy-le-Barrois (Cher) : 3802.
Nevers : 37, 313, 545, 800, 1067, 1304, 1392, 1593, 1603, 2079, 2109, 2692, 2699, 2764, 2980, 3821, 3989, 4084, 4170.
Nice : 119, 192, 202, 407, 680, 788, 813, 817, 2434, 2573, 2579, 2653, 2673, 2960, 3214, 3241, 3268, 3373, 3387, 3396, 3517, 3909, 3955, 3963, 3991, 4002, 4004, 4061, 4122, 4148, 4157, 4191, 4221.
Nice (de) à Arles. *V.* Arles.
Nice (de) à Collioures. *V.* Collioures.
Nice (de) à Montpellier. *V.* Montpellier.
Nice (de) à Perpignan : 107, 160, 444, 1662, 1734, 2169, 2181, 2182, 2363, 2495, 2502, 2517, 2518, 2540, 2671, 3077, 3089, 3090, 3147, 3191, 3198, 3468, 3498.
Nice (de) à Tende : 585.
Nice (de) aux frontières d'Espagne : 467, 468.
Nice (montagnes près de) : 3419.
Nice (région méditerranéenne de) à Perpignan : 1200.
Nideck (cascade du) (Vosges) : 2649, 3376, 4101.
Niederbronn (Bas-Rhin) : 1311, 1606, 2283, 3802, 3920.
Niel-le-Dolent (Vendée) : 3541.
Nièvre : 38, 793, 1029, 1195, 1205, 1232, 1717, 1815, 2008, 2237, 2375, 2677, 2755, 2779, 2800, 2834, 3133, 3228, 3281, 3306, 3383, 3583, 3637, 3736, 3797, 3800, 3802, 3892, 3915, 3919.
Nièvre (bords de la) : 2764.
Nielo (mont) (Corse) : 3248.
Nîmes : 34, 44, 67, 85, 91, 94, 116, 123, 147, 151, 153, 167, 224, 286, 374, 383, 391, 392, 396, 404, 408, 553, 604, 640, 680, 716, 768, 809, 900, 904, 946, 994, 1012, 1050, 1100, 1160, 1218, 1325, 1328, 1376, 1491, 1577, 1595, 1629, 1699, 1700, 1746, 1755, 1764, 1778, 1819, 1841, 1855, 1917, 1927, 1938, 1941, 1942, 1963, 1968, 1973, 1981, 2008, 2021, 2093, 2113, 2116, 2120, 2122, 2128, 2131, 2144, 2149, 2150, 2159, 2191, 2427, 2576, 2606, 2609, 2618, 2623, 2662, 2680, 2741, 2870, 2871, 2891, 2898, 2992, 3084, 3121, 3189, 3212, 3213, 3214, 3402, 3517, 3526, 3527, 3534, 3728, 3837, 3869, 3916, 3917, 3919, 3929, 3958, 3979, 3998, 4002, 4005, 4060, 4094, 4104, 4157, 4188, 4191, 4199.
Nîmes (entre) et Avignon. *V.* Avignon.
Nino (lac de) (Corse) : 2175, 2379, 2801.
Nino (mont) (Corse) : 184, 268, 349, 363, 714, 2148, 3520.
Niolo (Corse) : 1683, 1686, 1901, 1991, 2801, 2907, 2958, 3008, 3259, 3266.
Niolo (chaine du) : 3022.
Niolo (chemin de Corté au). *V.* Corté.
Niolo (gorge du) : 1518, 1553.
Niolo (montagnes du) : 1172, 2634, 3237, 3354.
Niolo (val) : 510.
Niort : 393, 4099.
Niré (Vienne) : 3313.
Nive (bords de la) (Pyrénées-Orientales) : 2181.
Noëdes (montagne de) (Pyrénées) : 601, 2393.
Noir (mont) (Calvados) : 411.
Noire (montagne) (Tarn) : 146, 1160.
Noirmoutier : 148, 373, 385, 562, 963, 1121, 2120, 2495, 2652, 3054, 3055, 3320, 3525, 3543, 3952.
Noirmoutier (de Biaritz à) : 476.
Nonancourt (Eure) : 1045, 1505, 2759.
Nonza (Corse) : 1775, 3064.
Nonza (de) à Saint-Florent. *V.* Saint-Florent.
Normandie : 31, 42, 69, 77, 80, 102, 109, 146, 160? 164, 357, 458, 459, 714, 860,

1152, 1646, 2421, 2503, 2779, 3203, 3580, 3581, 3592, 4165, 4232?
NORMANDIE (Basse-) : 1353.
NOTRE-DAME-D'ETANG (Combe de) (Côte-d'Or) : 1115.
NOTRE-DAME-DE-LA-GARDE près de Marseille : 687, 1109.
NOTRE-DAME-DE-PENA près de Perpignan ; 727, 2574.
NOTRE-DAME-DE-SARRANCE (Pyrénées-Occidentales) : 515.
NOTRE-DAME-DES-ANGES près de Marseille : 859.
NOTRE-DAME-DES-MONTS (Vendée) : 3937.
NOURI (col de) (Pyrénées) : 63, 145, 437, 628, 1446, 2292, 2893, 2947, 4133.
NOURI (col de) au sommet de la vallée d'Eynes : 2376.
NOUVELLE (port de la) près de Narbonne : 1014.
NOUVIELLE (Pyrénées) : 1632, 1806.
NOUX (portell de la) (Pyrénées) ; 3812.
NOVÉANT près de Metz : 2943.
NOYER (le) près de Gap : 22, 60, 1003, 1023, 1024, 1027, 1714, 3575.
NOYER (bois du) ; 2451.
NOYON (Oise) : 1461, 1974, 3882.
NUÉJOLE (la) (Gard) : 2269, 3871.
NUITS (Côte-d'Or) : 224, 2650, 3792, 3802.
NYOISEAU (Maine-et-Loire) : 3489.
NYONS : 330, 997, 1089, 2008, 2114, 2970, 3241.
NYOR (val de) sous Mont-Louis (Pyrénées-Orientales) : 1344.

O

OBERBRONN près Niederbronn (Bas-Rhin) : 3547.
OBERNAI (Bas-Rhin) : 1241.
OCÉAN (bords de l') à Bayonne : 3050.
OCÉAN (bords de l') de Bayonne à Boulogne : 3794.
OCÉAN (côtes de l') : 49, 310, 368, 423, 424, 561, 618, 637, 716, 848, 888, 930, 1503, 1528, 1605, 1624, 1639, 1937, 2247, 2265, 2494, 3019, 3036, 3094, 3099, 3123, 3124, 3125, 3126, 3170, 3218, 3239, 3258, 3377, 3525, 3689, 3691, 3723, 3724, 3790, 3977, 3993, 3994, 3996, 4073, 4111, 4120, 4139, 4177, 4194, 4196, 4219, 4220, 4226, 4253.
OCÉAN (côtes de l') depuis Bayonne jusqu'à Cherbourg : 200, 203.
OCÉAN (côtes de l') jusqu'au Havre. *V.* Havre.
OCÉAN (côtes de l') jusqu'à Nantes : 1986.
OGER (forêt d') en face de Chaltrait (Marne) : 2397.
OISANS (l') (Alpes du Dauphiné) : 488, 496, 514, 577, 743, 1164, 1414, 1437, 1538, 2287, 2293, 2317, 2345, 2348, 2380, 2480, 2485, 2819, 2821, 2823, 2978, 3339, 3353.
OISANS (Alpes de l') : 2477.
OISANS (montagnes de l') : 2266.
OISE (vallée de l') : 3808.
OISSEL près Rouen : 650, 1662.
OLBIÉ (Pyrénées) : 2219.
OLÉRON (Charente-Inférieure) : 370, 385, 1337, 2526, 2652, 3191, 3206, 3209, 3573, 3843.
OLÉRON (île d') : 1009, 2120, 3053, 3525, 3916, 3917, 3952, 3997.
OLÉRON (Pyrénées) : 2333.
OLETTE (Pyrénées-Orientales) : 38, 119, 156, 378, 381, 536, 538, 569, 935, 1093, 1219, 1344, 1595, 1679, 1746, 1781, 1816, 1881, 1942, 1949, 1987, 2071, 2159, 2188, 2239, 2497, 2609, 2675, 2681, 2947, 3023, 3041, 3117, 3204, 3785, 3937, 3959, 3961, 3979, 4006, 4249.
OLETTE sous Mont-Louis : 652.
OLIVIERS (région des) : 194, 239, 406, 481, 588, 763, 764, 820, 868, 901, 911, 946, 958, 979, 980, 1126, 1127, 1128, 1257, 1273, 1286, 1324, 1355, 1394, 1609, 1650, 1653, 1725, 1734, 2192, 2404, 3204, 3245, 3256, 3517, 3981, 4023, 4031, 4045, 4062, 4099, 4120, 4155, 4156, 4168, 4170, 4190, 4192, 4207, 4211, 4214.
OLIVIERS (région des) et de là jusqu'à Lyon, Agen, Beaune, etc. : 2229.
OLMETTE (environs d') (Corse) : 436.
OLONNE (Vendée) : 3088.
OLONNE (Sables-d') : 1121, 1896, 2120, 2598, 3025, 3052, 3053, 3054, 3790, 3913, 3916, 3917, 3929, 3952, 4058, 4074, 4196.
OLONNE (de Dunkerque aux Sables-d'). *V.* Dunkerque.
ONS-EN-BRAY (Picardie) : 102, 1606.
OO (glaciers d') (Pyrénées) : 8, 58, 1436, 1441, 2458, 3340.
OO (lac d') : 2481.
OO (mont d') : 2406.
OO (port d') : 64, 309, 1041, 1171, 1404, 1432, 1433, 1434, 1437, 1446, 1870, 2468, 2474, 2477, 2479, 2554, 3043, 3335, 3339, 3812, 3838, 3858, 3878, 3934, 3984.
OO (val d') : 3875.
OR (mont d') (Franche-Comté) : 32, 346, 780, 1156, 1294, 1706, 1796, 2044, 2098, 2277, 2287, 2304, 2305, 2334, 2347, 2400, 2429, 2483, 2805, 3076, 3461, 3878, 3973, 4092, 4146.

Orange : 94, 147, 151, 330, 381, 385, 391, 1179, 1268, 1542, 1579, 1592, 1950, 1963, 1969, 1981, 2047, 2093, 2120, 2150, 2646, 2914, 2969, 3657, 4004.
Orange (bords du Rhône) : 444, 452.
Orbais (Marne) : 2040.
Orbe (source de l') (Jura) : 1837.
Orbec (Calvados) : 165, 1323, 1391, 1717, 2702, 3642.
Orbey (val d') (Alsace) : 276.
Orché (Manche) : 3997.
Orcière dans le Champsaur (Alpes du Dauphiné) : 2552, 2768.
Orcière en Valgaudemar, à Saint-Hugon : 2552.
Orcière (vallée d') : 2823.
Orcières (Hautes-Alpes) : 32, 1173, 1741, 2478, 3334.
Orcival (Puy-de-Dôme) : 146.
Ordino (col d') (Pyrénées) : 2406.
Oreza (Corse) : 699, 997.
Orival près d'Elbeuf (Seine-Inférieure) : 398, 2851.
Orléanais : 1274.
Orléans : 129, 228, 313, 800, 826, 870, 1011, 1067, 1087, 1168, 1539, 1593, 1600, 1602, 1603, 1770, 1815, 1856, 1969, 2008, 2014, 2046, 2079, 2109, 2677, 2755, 2800, 2905, 2980, 3795, 3821, 3882, 3915, 3989.
Orléans (forêt d') : 1059, 1842, 1848, 2490.
Orlu (Pyrénées) : 1414, 1441, 1703, 2237, 2313, 2451.
Orlu (Dent-d') : 1430, 1436, 2474, 2820, 3934.
Orlu (mont d') : 2185, 2406.
Ornans (Doubs) : 3020, 4003.
Orne : 220, 1312, 1769, 2396, 3079, 3394.
Orne (rives de l') : 3671.
Oro (mont (d') Corse) : 134, 259, 268, 438, 486, 714, 733, 808, 1172, 1288, 1382, 1388, 1565, 1838, 1913, 1991, 2379, 2457, 2643, 2773, 2775, 2892, 2925, 2958, 3022, 3038, 3228, 3394, 3974, 3985, 4121, 4144.
Oro (près du mont d') : 3549.
Orsay près Paris : 262, 1293, 3460, 3589, 3817, 3938.
Orthez (Basses-Alpes) : 3597, 3892, 4048.
Orvault (Loire-Inférieure) : 3740.
Ostheim (Alsace) : 276, 2012, 2943, 3802.
Ostriconi (Corse) : 838, 849, 2126, 2992, 3998.
Ostwald (Bas-Rhin) : 1503, 3535.
Ossat (Pyrénées) : 3921.
Ossau (pic d') (Pyrénées) : 1436, 2477.
Ossau (vallée d') : 2612, 3044.
Ota (Corse) : 548.
Ota (d'Erisa à) : 590.
Ottmarsheim (Haut-Rhin) : 2012.
Otto (Corse) : 3266.
Ouessant (île d') : 3904.
Oueil (vallée d') (Pyrénées) : 3536.
Ouillé (Calvados) : 3320.
Ouillie-le-Vicomte près de Lisieux : 3557.
Ouilly (bois d') près de Matour (Saône-et-Loire) : 1903.
Ouistreham (Calvados) : 2800.
Ourcq (canal de l') près Paris : 1663.
Ourcq (vallée de l') : 3808, 3809.
Ourse (anse de l') près de Marseille : 1854.
Oursine (montagnes de l') (Alpes du Dauphiné) : 1805.
Oze (Hautes-Alpes, canton de Veynes) : 1.

P

Pacy-sur-Eure : 165, 1588, 2676, 2779.
Paga (col de) (Alpes du Dauphiné) : 1883, 1910, 1955, 2049, 2094, 2293, 2815, 2819.
Paga (col de) entre la vallée du Château-Quayras et celle de Serrières, ainsi que sur le versant de cette dernière : 2301.
Paillade (la) près de Montpellier : 3002.
Paillères (Pyrénées) : 1426, 2185, 2237, 2313, 2343, 3329.
Paillères (mont de) : 2406, 2820, 3934.
Paillères (port de) : 146, 1430, 1564, 1870, 1997, 2081, 2287, 2456, 2823.
Paimbeuf (de) à Bayonne. *V.* Bayonne.
Pajols (Pyrénées) : 1637.
Palabus (creux de) (monts Dore) : 806, 2287.
Palaiseau près de Paris : 16, 111, 262, 315, 453, 761, 961, 1050, 1293, 1777, 1856, 3460, 3614, 3615, 3817, 3938.
Palanfrey (Alpes du Dauphiné) : 2171.
Palé-de-Crabère (Pyrénées) : 2477.
Pales-de-Bouts (Pyrénées-Orient.) : 1703.
Palletés-de-la-Cou (Alpes du Dauphiné) : 1759.
Panassac (Gers) : 2595, 3522.
Panillac (Landes) : 3790.
Pannetière (bois de la) près du Mans : 3496.
Pantin près de Paris : 2196.
Pape (la) près de Lyon : 2099, 3609.
Para (Corse) : 2065.
Pararoque (val) près Larche (Hautes-Alpes du Dauphiné) : 2141.
Paray-le-Chapt (Deux-Sèvres) : 3214.
Parigné près de Fougères : 2426.
Paris : 14? 15? 16, 28, 31, 37, 38, 39, 42, 67, 69, 77, 86, 90, 92, 126, 148, 151, 153, 157, 158, 160, 161, 164, 165, 166, 208, 223, 224, 228, 279, 339, 398? 401,

403, 405, 411, 429? 440, 448, 449, 451, 458, 478, 545, 573, 591, 600, 613, 641, 642, 650, 658, 730, 793, 901, 1050, 1099, 1105, 1106, 1117, 1144, 1151, 1152, 1155, 1159, 1168, 1190, 1195, 1196, 1199, 1202, 1205, 1230, 1245, 1246, 1254, 1282, 1318, 1353, 1358, 1362, 1364, 1366, 1374, 1379, 1421, 1483, 1504, 1539, 1574, 1576, 1593, 1603, 1646, 1662, 1727, 1737, 1777, 1842, 1843, 1856, 1864, 1914, 1974, 1980, 2047, 2068, 2086, 2124, 2170, 2173, 2201, 2214, 2248, 2257, 2288, 2351, 2370, 2397, 2426, 2434, 2436, 2437, 2441, 2447, 2448, 2454, 2465, 2503, 2506, 2542, 2553, 2567, 2677, 2702, 2707, 2717, 2756, 2779, 2800, 2834, 2840, 2882, 2979, 3041, 3079, 3111, 3141, 3145? 3210, 3280, 3281, 3320, 3321, 3359, 3383, 3440, 3467, 3478, 3545, 3579, 3580, 3581, 3583, 3585, 3592, 3603, 3615, 3617, 3628, 3629, 3639, 3640, 3642, 3655, 3657, 3669, 3674, 3675, 3678, 3682, 3697, 3715, 3760, 3772, 3775, 3776, 3795, 3797, 3800, 3801, 3802, 3806, 3820, 3822, 3828, 3829, 3831, 3842, 3866, 3871, 3882, 3883, 3886, 3892, 3899, 3915, 3919, 3930, 3937, 3970, 3989, 4024, 4101, 4133, 4209, 4210, 4214, 4242, 4250, 4291.

Paris (bords de la Seine) : 1386, 1958, 2507, 3079.

Paris (de) à Bayonne. *V.* Bayonne.

Paris (de) à la Méditerranée : 191, 891.

Paris (de) à Nantes : 2423.

Paris (de) à Toulouse : 3211.

Paris (l'Ouest de) à Dunkerque : 2553.

Paris (vieux murs) : 157, 184, 190.

Parcressières : 3853.

Parve près de Belley : 3853.

Parve (mont) près de Belley : 3870.

Pas-d'Azun (Pyrénées) : 1447, 3236, 3875.

Pas-de-Loup (le) entre Béziers et Narbonne : 1002, 1132, 2154.

Pas-de-Roland près Cambo (Basses-Pyrénées) : 260, 2493.

Passy près de Paris : 318, 1924, 3235.

Pastoret (Hautes-Alpes du Dauphiné) : 2141.

Patriciale (Corse) : 2999.

Patrimonio (Corse) : 1054, 3237.

Patro (Corse) : 1535.

Patro (mont) (Corse) : 486, 1991.

Pau : 451, 459, 641, 658, 2059, 2370, 2421, 2435, 2595, 2680, 2895, 2898, 2914, 2954, 2986, 3226, 3230, 3501, 3598, 4048, 4226.

Pauillac (Gironde) : 376, 1668.

Péas (col de) (Hautes-Alpes du Dauphiné) : 3725.

Pech-David près Toulouse : 119, 164, 405, 650, 742, 1595, 1662, 2034, 2837, 3543, 3617.

Pech-de-Lagnels près de Narbonne : 1629.

Pech-de-la-Nielle près de Narbonne : 569.

Pecq (le) près de Paris : 2687.

Pédrome (fond) (Pyrénées-Orientales) : 119.

Péla (mont) (Basses-Alpes) : 59, 1130, 1173, 1448, 1567.

Pellestres (Pyrénées-Orientales) : 2097.

Pelvoux (mont) (Alpes du Dauphiné) : 2644.

Pelvoux (montagnes des environs du mont) : 2346.

Pen-du-Brada (Pyrénées) : 1433, 1739, 1756, 2313, 2548.

Pena vis-à-vis Las-Casassas (Pyrénées-Orientales) : 147.

Pena-Blanca près le port de Bénasque (Pyrénées) : 1545.

Penestin (Morbihan) : 3796.

Penethourque-du-Brada (Pyrénées) : 1436.

Penfret (île) aux Glénans (Finistère) : 2265.

Penmark (Finistère) : 1009.

Perche (col de la) (Pyrénées-Orientales) : 17, 1529.

Perche (forêt du) : 3187.

Percy (Calvados) : 135, 450.

Perdu (mont) (Pyrénées) : 59, 1447, 2479, 3195.

Peré (environs de) (Piémont) : 2564.

Périgord (le) : 86, 3936.

Périr (chaumes de) (Vosges) : 3813.

Pérols près Montpellier : 840, 976, 1926, 3018, 3684, 3818.

Perpignan : 48, 94, 116, 132, 147, 149, 151, 152, 198, 199, 378, 381, 385, 391, 408, 522, 538, 548, 562, 599, 645, 792, 795, 809, 822, 877, 880, 889, 912, 922, 997, 1066, 1067, 1081, 1083, 1110, 1111, 1127, 1136, 1160, 1219, 1268, 1342, 1343, 1347, 1359, 1444, 1466, 1475, 1491, 1579, 1655, 1679, 1744, 1746, 1816, 1819, 1835, 1841, 1855, 1931, 1934, 1936, 1950, 1981, 1987, 2016, 2021, 2025, 2062, 2120, 2122, 2128, 2132, 2139, 2144, 2149, 2159, 2163, 2173, 2176, 2189, 2195, 2225, 2362, 2427, 2433, 2439, 2441, 2497, 2511, 2576, 2604, 2606, 2617, 2618, 2623, 2656, 2661, 2680, 2725, 2735, 2751, 2887, 2940, 2961, 2969, 2972, 3009, 3023, 3024, 3027, 3040, 3058, 3117, 3225, 3241, 3261, 3267, 3278, 3484,

3497, 3526, 3547, 3581, 3604, 3762, 3837, 3904, 3929, 3963, 3979, 3998, 3999, 4000, 4002, 4014, 4076, 4096, 4104, 4115, 4157, 4183, 4273, 4294.
PERPIGNAN (d'Arles et de Montpellier à). *V.* Arles.
PERPIGNAN (d'Avignon et Montpellier à). *V.* Avignon.
PERPIGNAN (de Bayonne à). *V.* Bayonne.
PERPIGNAN (de Fréjus à). *V.* Fréjus.
PERPIGNAN (de Montpellier à). *V.* Montpellier.
PERPIGNAN (de Nice à). *V.* Nice.
PERPIGNAN (entre Narbonne et) : 1569.
PERRACHE (vallée du Rhône) : 2980.
PERRIÈRES près de Falaise : 1362.
PERRIERS (étangs de) (Manche) : 1311.
PERTICATO (forêt de) (Corse) : 130.
PERTUIS-DU-GLAS (Alpes du Dauphiné) : 1170.
PERTUS près de Bellegarde : 542.
PERTUSATO (mont) (Corse) : 1288.
PESOUIL (la) (Pyrénées) : 2451.
PÉTAREL-EN-VALGAUDEMAR (Alpes du Dauphiné) : 2081.
PÉTAREL-EN-VALGAUDEMAR (rocher de) : 3334.
PETITE-PIERRE (la) (Bas-Rhin) : 546.
PEXONNE (Meurthe) : 2005.
PEYRCHORADE (Landes) : 3228, 3522, 3766, 3782, 3791.
PEYREDEIRE (Haute-Loire) : 1746.
PEYREDEIRE (gorges de) : 2093.
PEYRESTORTES : 922.
PEYROLS (Bouches-du-Rhône) : 736.
PEYRSOURDE (port de) (Pyrénées) : 2476.
PÉZENAS (Hérault) : 2588, 2604, 3989.
PÉZOLS près de Montpellier : 3508, 3512.
PHALSBOURG (Meurthe) : 1704.
PHARON (fort) près de Toulon : 179.
PHILIPSBOURG (bords du Rhin à) : 3133.
PIANA (la) (Corse) : 1543.
PICADE (port de la) (Pyrénées) : 22, 740, 1404, 1432, 1434, 1997, 2078, 2185, 2204, 2444, 2823, 3021, 3811, 3812, 3878, 3931, 4038, 4133, 4142, 4148.
PICARDIE : 102, 714.
PIEMEYAN (Mont-de-Lans) (Dauphiné) : 43, 58, 1174, 1262, 1815, 1943, 2184.
PIEMEYAN (plateau de) : 63.
PIERRE-BÉNITE près de Lyon : 2980.
PIERRE-CHATEL (vallée du Rhône près de) (Ain) : 3870.
PIERRE-SUR-HAUTE (Loire) : 347, 1214, 2098, 2626, 3504, 3975, 4148.
PIERREFITE (Pyrénées) : 4099, 4101.
PIERREFONDS (Oise) : 1460, 1525, 1842, 2238, 3222, 3640, 3847, 4234, 4238, 4245, 4258.
PIERRES-SAINT-MARTIN (Pyrénées) : 2561.
PIEUX (les) (Manche) : 1146.
PIGNAN près de Montpellier : 1741? 3226.
PIGNANS près de Toulon : 674.
PILAT (mont) près de Lyon : 347, 696, 699, 730, 800, 954, 971, 1058, 1288, 1499, 1586, 1658, 1717, 1757, 1758, 1785, 1810, 1844, 1848, 1856, 2185, 2276, 2278, 2338, 2407, 2902, 3587, 3722, 3975, 4091, 4264, 4288.
PILIER (île du) (Vendée) : 682.
PILON-DU-ROI près de Marseille : 2137.
PIN (le) (Loire-Inférieure) : 2951.
PINÈDE (port de) (Pyrénées) : 1739, 2456, 2482, 3195, 3715.
PINEDEB-DE-FONTFROIDE près de Narbonne : 2093.
PINO (mont) (Corse) : 2591, 3228.
PIQUE (vallée de la) (Hautes-Pyrénées) : 531.
PIQUETTE-D'ENDRETLIS (Pyrénées) : 41, 703, 728.
PIRIAC (Loire-Inférieure) : 4058.
PIROU (Manche) : 69, 468, 3843.
PIS-DE-LA-TRONQUE (Pyrénées-Orientales) : 2555.
PITHIVIERS : 1099, 2008.
PIXÉRÉCOURT près Nancy : 1810.
PLA-DES-ABALLONS (Pyrénées) : 2406.
PLA-DE-BÉRET près des sources de la Garonne : 3195.
PLA-GUILHEM (Pyrénées) : 1717, 2814.
PLA-GUILHEM (mont) : 1435.
PLAINVILLE (Calvados) : 450.
PLAISANCE (Tarn) : 160.
PLAN (port de) (Pyrénées) : 531, 1404, 1447, 1716, 2078, 2474, 2476, 2477, 2831, 3021.
PLAN-DE-CUQUE près de Marseille : 694.
PLANCHES (à la source des) près d'Arbois (Jura) : 1443.
PLANCHUDE (la) près de Montpellier : 919.
PLANET (étang du) près Saint-Léger (environs de Paris) : 45, 3892, 4024, 4287.
PLANÉVAS : 4286.
PLANHAMEL près de Carnac (Morbihan) : 3952.
PLESSIS-PIQUET près de Paris : 967, 2543, 3614, 3640, 3784, 3938, 4245.
PLEURE (Jura) : 3592.
PLOËRMEL : 2602.
PLOMB (le) (Cantal) : 546, 1531, 3021, 3773.
PLOMB (pentes du) : 1995.
PLOMBIÈRES près de Dijon : 1669, 1973, 2978.
PLOMBIÈRES (Vosges) : 1228, 1511.
POCHES (les) près Quinçay (environs de Paris) : 129.
POGGIOLO (Corse) : 1096.

Point-du-Jour (le) près le bois de Boulogne (Paris) : 901, 320, 891, 1574, 2127, 2388.
Poisat près de Nantua : 3632.
Poissy (Seine-et-Oise) : 151, 549*, 2938.
Poitiers : 224, 339, 694, 766, 826, 851, 1011, 1043, 1059, 1103, 1484, 1603, 1770, 1771, 2008, 2014, 2079, 2125, 2132, 2269, 2595, 2687, 2876, 2905, 3226, 3228, 3795, 3869, 3919, 3929, 3989, 4024, 4040, 4084, 4190.
Poitiers (de Bayonne à). *V.* Bayonne.
Poitou : 47, 279, 357, 851, 1121, 1297, 3936.
Poligny (Jura) : 3772.
Poligny (rochers de) près Nemours (Seine-et-Marne) : 554, 3435, 3437.
Polygone de Grenoble : 1007.
Polygone (Grenoble au) : 1023, 1714, 2189.
Polygone (Strasbourg au) : 1006.
Pombies (Pyrénées centrales) : 3482.
Pommard (Côte-d'Or) : 2978.
Pommérieux : 2087.
Pommets (les) près de Toulon : 1138.
Pompey près de Nancy : 2339, 3869, 4101.
Pompey (bois de) : 1495.
Ponce (Sarthe) : 2160.
Pondron (étang de) près Crépy : 1606.
Pont-Audemer (Eure) : 128, 1044, 1373, 1842, 2434, 2523, 2707, 2794, 3359, 3991, 4098.
Pont-de-Beauvoisin (Isère) : 3705.
Pont-du-Chateau (Puy-de-Dôme) : 3993.
Pont-de-Chérui (Isère) : 3082.
Pont-de-Claix près de Grenoble : 1691.
Pont-d'Espagne (Pyrénées) : 4148.
Pont-l'Evêque : 2559, 4223.
Pont-de-Golo (Corse) : 2438, 2901.
Pont-d'Héry près de Salins (Jura) : 3853.
Pont-Juvénal (Hérault) : 748.
Pont-a-la-Leccia (d'Asco à). *V.* Asco.
Pont-a-la-Leccia (entre Caproline et) (Corse) : 180.
Pont-a-Mousson (Meurthe) : 695, 1056, 1217, 1226, 1614, 1868, 1984, 2087, 2397, 3848, 3853, 3883, 3915, 4161.
Pont-d'Ouilly (Calvados) : 1370, 2214, 3671.
Pont-de-Roide (Doubs) : 2298, 2305, 3871, 4003.
Pont-de-Roide (rochers près de) : 335.
Pont-en-Royans (Isère) : 2752, 3989.
Pont-St-Esprit (Gard) : 1855, 2608, 4207.
Pont-des-Verts : 3671.
Pontarlier (Doubs) : 580, 701, 1250, 1418, 1606, 1631, 1706, 1785, 1832, 1837, 2066, 2076, 2098, 2338, 2697, 2714, 3554, 3773, 3813, 3815, 3828, 3829, 3830, 3859, 3899.
Pontarlier (bords du Doubs de) à Morteau : 3144.
Pontarlier (chaîne du Jura à). *V.* Jura.
Pontarlier (entre Levier et). *V.* Levier.
Pontarlier (tourbières de) : 3808.
Pontarmé près de Paris : 3423, 3495.
Pontaven (Loire-Inférieure) : 2602.
Pontbail (Manche) : 3055.
Pontchéri près de Lyon : 1957.
Pontels (près de) (Gard) : 1427.
Pontgibaud près Clermont-Ferrand : 1311, 2697.
Pontigué (Anjou) : 2014.
Pontorson (Manche) : 1980.
Pontréan près Rennes : 474.
Porentruy (Jura suisse) presque sur la frontière de la France : 2415.
Pornic (Loire-Inférieure) : 937, 2711, 3054, 3055, 3525, 3891, 4062.
Porquerolles près Hyères : 82, 1731, 2244, 2835.
Porsec : 4286.
Port-Dusand : 3740.
Port-Mort : 1662.
Port-Vendres (Pyrénées-Orientales) : 170, 239, 538, 685, 834, 890, 972, 1488, 1542, 1724, 1861, 1976, 1985, 2239, 2265, 2439, 2524, 2573, 2735, 2807, 2844, 2869, 2947, 2971, 3011, 3022, 3028, 3037, 3120, 3238, 3244, 3255, 3257, 3261, 3413, 3525, 3541, 3559, 3573, 3600, 3612, 3627, 3837, 3956, 3957, 3960, 3981, 4014, 4096, 4122, 4148, 4191, 4196, 4206, 4235.
Port-Vendres au cap Béarn : 828.
Port-Vendres (de Fréjus à). *V.* Fréjus.
Port-Villers près Vernon (Eure) : 158.
Porté (sables de) sur les bords de l'Ariège : 2809.
Porte-du-Désert près de la Grande-Chartreuse : 740.
Portet (Haute-Garonne) : 3610, 3615, 3617.
Portillon (gore du) (Pyrénées) : 1436.
Porto-Vecchio (Corse) : 122, 530, 675, 734, 810, 972, 1034, 1054, 1579, 1601, 1839, 1853, 1976, 2010, 2117, 2153, 2935, 3220, 3221, 3963, 3965, 3987, 4103, 4283.
Pouancé (Maine-et-Loire) : 3320, 3775, 3802, 4024.
Pouilliac (canton de) (Gironde) : 2432.
Pouilly-en-Vexin : 1842.
Poulaillers (lande de) près de Tours : 4040.
Poulinguen (Loire-Infre) : 3053, 3054, 3055.
Poupet (chaîne du Jura) : 2076.
Pourel-en-Champsaur (Dauphiné) : 2478.

Pozzio au Niolo (Corse) : 767.
Pra (la) au-dessus de Revel près de Grenoble : 1565, 1888, 2316, 2378, 2475, 3774, 3972, 4041, 4080, 4142.
Pra-de-Bouc (Cantal) : 551, 806, 3773.
Prades près de Montpellier : 123.
Prades (Pyrénées-Orientales) : 110, 159, 322, 375, 378, 396, 398, 408, 498, 922, 935, 1093, 1219, 1534, 1585, 1669, 1679, 1739, 1816, 1872, 1909, 1942, 1975, 1981, 1987, 2071, 2112, 2139, 2149, 2188, 2211, 2346, 2609, 3006, 3023, 3193, 3241, 3261, 3551, 3628, 4157.
Pradet (le) près de Toulon : 3485.
Pragenil (mont) (Hautes-Alpes du Dauphiné) : 2095.
Pranière (route de Luz à) (Pyrénées) : 835.
Prats-de-Mollo (Pyrénées-Orientales) : 1, 65, 211, 213, 260, 334, 357, 398, 437, 499, 536, 538, 540, 586, 645, 711, 794, 807, 809, 1450, 1595, 1655, 1659, 1665, 1746, 1817, 1844, 1862, 1887, 1907, 1911, 1930, 1933, 1934, 1949, 1983, 2012, 2077, 2093, 2181, 2188, 2237, 2276, 2313, 2314, 2328, 2346, 2356, 2376, 2393, 2439, 2456, 2503, 2587, 2607, 2611, 2650, 2685, 2712, 2814, 2818, 2823, 2824, 2844, 2940, 2951, 2973, 3006, 3075, 3180, 3413, 3559, 3581, 3751, 4142.
Prats-de-Mollo (de) aux Eaux-Bonnes : 600, 2275.
Prats-de-Mollo (de) à Saint-Jean-Pied-de-Port. *V.* Saint-Jean-Pied-de-Port.
Prats-de-Mollo (les hautes vallées de) : 1679.
Pré-d'Auge (Orne) : 2558.
Pré-des-Marmiers (Ain) : 1871.
Prémaux (Côte-d'Or) : 3760.
Premelli (Corse) : 2999.
Prémol près de Grenoble : 127, 275, 1414, 2068, 2083, 2287, 2316, 2400, 2821, 3813.
Prény-sous-Thil (Meurthe) : 1603.
Prigonrieux (Dordogne) : 490.
Provence : 38, 89, 100, 106, 109, 119, 123, 131? 153, 167, 211, 212, 240, 266, 276, 279, 292, 329, 370, 374, 379, 390, 391, 399, 403, 408, 475, 493, 499, 500, 505, 539, 548, 563, 568, 572, 717, 720, 737, 771, 775, 785, 786, 788, 813, 827, 853, 854, 858, 859, 861, 907, 916, 965, 985, 997, 1003, 1011, 1012, 1029, 1033, 1045, 1048, 1053, 1083, 1087, 1112, 1117, 1118, 1134, 1138, 1169, 1218, 1268, 1333, 1359, 1374, 1479, 1484, 1493, 1495, 1571, 1608, 1650, 1676, 1678, 1715, 1723, 1732, 1733, 1745, 1788, 1792, 1817, 1879, 1914, 1925, 1948, 1968, 1973, 2030, 2036, 2161, 2165, 2188, 2189, 2215, 2216, 2433, 2564, 2573, 2807, 2841, 2843, 2850, 2865, 2921, 2924, 2951, 2959, 3065, 3076, 3079, 3084, 3120, 3193, 3208, 3233, 3234, 3252, 3255, 3265, 3292, 3299, 3366, 3373, 3454, 3455, 3457, 3502, 3653, 3855, 3920, 3936, 3955, 3958, 3997, 4004, 4026, 4044, 4098.
Provence (Haute-) : 596, 2405.
Provence (Alpes de) : 5, 64, 183, 188, 229, 242, 252, 267, 288, 323, 340, 495, 498, 535, 544, 576, 582, 583, 699, 750, 807, 836, 844, 1057, 1176, 1382, 1402, 1448, 1485, 1494, 1496, 1522, 1565, 1567, 1621, 1622, 1635, 1871, 1883, 1932, 1946, 2070, 2073, 2102, 2112, 2607, 2902, 2906, 2923, 2932, 3001, 3006, 3026, 3507, 3809, 3869, 3879, 4003, 4035, 4038, 4053, 4118, 4148.
Provence (Hautes-Alpes de) : 1018, 1636, 1823, 1884, 2082, 2094, 3021, 3367.
Provence (la) au cap Roux : 569.
Provence (lisières de la) : 2489.
Provence (montagnes de) : 1448.
Provence (rochers des côtes de la) : 494.
Provinces centrales : 492, 949, 1117.
Provinces méridionales : 492, 521, 689, 725, 766, 769, 787, 797, 827, 942, 949, 1012, 1047, 1066, 1068, 1110, 1111, 1118, 1120, 1121, 1131, 1135, 1137, 1207, 1337, 1349, 1501, 1517, 1571, 1591, 1592, 1625.
Provinces méridionales jusqu'à Lyon : 327, 982.
Provinces méridionales jusqu'à Montélimart, Montauban, Libourne, Royan, Saint-Palais, Benon : 932.
Provinces méridionales jusqu'à Valence, Montélimart, Alais et Saint-Ambroix : 1964.
Provinces méridionales et occidentales jusqu'au Mans et à Alençon : 1124.
Provinces méridionales jusqu'à Lyon et Toulouse, et occidentales jusqu'au Havre : 944.
Provinces occidentales : 766, 942, 949, 1121, 1123, 1591, 1625.
Provinces occidentales jusqu'à Falaise, Avranches, Saint-Lô et Cherbourg : 982.
Provins : 37, 210, 615, 826, 1099, 1204, 1230, 1249, 1474, 1580, 1593, 1603, 1807, 1958, 2384, 2397, 2541, 2613, 2701, 2704, 2754, 2759, 2895, 2917, 3269, 3473, 3579, 3614, 3615, 4228.
Provins (Blanay près) : 1099, 1580, 2754.
Prunelli (Corse) : 1015, 1067.
Pruniers (Loir-et-Cher) : 3705.
Puigt-Gallinasse de Prats-de-Mollo (Pyrénées-Orientales) : 1426.
Pujet (entre le Muy et le) (Provence) : 379.

PUTANGES (Orne) : 1842, 2697.
PUY (le) : 2048, 2093, 2109, 2230, 2882.
PUY-D'AUZELLE (Auvergne) : 3869.
PUY-CASQUIER (Gers) : 110, 3397, 3487, 3653.
PUY-CERTO : 3214.
PUY-DE-COEUR (Puy-de-Dôme) : 4077.
PUY-DE-COME (Auvergne) : 2626.
PUY-DE-CORENT (au pied du) (Auvergne) : 2922.
PUY-DE-CROUEL (Auvergne) : 901, 1508, 1669, 2008, 2109, 4101, 4170.
PUY-DE-CROUEL (pied du) : 2918.
PUY-DARDANE : 3313.
PUY-DE-DOME : 146, 531, 1058, 1144, 1206, 1225, 1228, 1241, 1242, 1295, 1297, 1399, 1444, 1587, 1602, 1615, 1631, 1673, 1677, 1705, 1757, 1803, 1815, 1843, 1844, 1856, 2098, 2185, 2276, 2375, 2385, 2397, 2448, 2488, 2626, 2736, 2832, 3210, 3226, 3434, 3467, 3477, 3519, 3584, 3641, 3643, 3754, 3899, 4091, 4289.
PUY-DE-DOME (base du) près d'Orcines et à la fontaine du Berger : 1211.
PUY-DE-DOME (montagnes du) : 1617, 2237.
PUY-DE-DOME (Petit-) : 552.
PUY-LONG (Auvergne) : 15, 1134, 1508, 1967, 2576, 2951, 3869.
PUY-DE-MARMAN (Auvergne) : 1973.
PUY-MARY (Cantal) : 22, 146, 546, 806, 1531, 1995, 2642, 2813, 2989, 3021.
PUY-DE-PARIOU (Auvergne) : 551.
PUY-SAINT-ROMAIN : 1881.
PUY-DE-LA-VACHE (Auvergne) : 1067.
PUY-VALADOR dans le Capsir (Pyrénées-Orientales) : 1878.
PUYNAVEAU sur la Gironde : 3573.
PYERÈGUE-AU-NOYER (Dauphiné) : 1715.
PYRÉNÉEN (bassin sous-) : 1152, 2231.
PYRÉNÉES : 5, 7, 22, 26, 27, 28, 31, 32, 36, 43, 56, 58, 59, 61, 63, 64, 66, 72, 73, 74, 77, 80, 99, 102, 105, 114, 121, 124, 126, 128, 146, 173, 194, 212, 219, 229, 232, 237, 238, 240, 241, 242, 243, 251, 252, 260, 267, 268, 269, 272, 283, 294, 295, 298, 301, 302, 305, 312, 322, 323, 328, 346, 400, 401, 411, 434, 439, 447, 450, 475, 495, 496, 497, 498, 499, 514, 523? 527, 528, 532, 536, 540, 544, 545, 547, 550, 553, 564, 572, 574, 575, 578, 579, 623, 650, 651, 652, 655, 695, 696, 699, 700, 701, 727, 728, 730, 750, 753, 779, 780, 806, 813, 826, 835, 837, 851, 853, 903, 921, 954, 955, 969, 970, 971, 1003, 1013, 1024, 1025, 1026, 1041, 1055, 1058, 1061, 1095, 1097, 1104, 1112, 1133, 1156, 1159, 1162, 1163, 1165, 1167, 1168, 1169, 1171, 1173, 1176, 1178, 1183, 1184, 1186, 1194, 1196, 1240, 1242, 1250, 1259, 1261, 1262, 1269, 1270, 1280, 1284, 1296, 1348, 1349, 1362, 1367, 1370, 1371, 1377, 1378, 1379, 1384, 1385, 1388, 1400, 1401, 1404, 1412, 1413, 1414, 1415, 1417, 1419, 1420, 1425, 1429, 1438, 1439, 1440, 1441, 1445, 1446, 1450, 1457, 1459, 1490, 1492, 1496, 1498, 1511, 1532, 1540, 1545, 1548, 1564, 1566, 1568, 1571, 1587, 1595, 1613, 1617, 1620, 1631, 1632, 1637, 1658, 1660, 1661, 1666, 1668, 1677, 1706, 1717, 1739, 1747, 1755, 1757, 1758, 1780, 1784, 1785, 1796, 1803, 1806, 1809, 1824, 1826, 1828, 1843, 1844, 1847, 1848, 1862, 1870, 1871, 1875, 1879, 1883, 1887, 1888, 1894, 1899, 1907, 1910, 1912, 1914, 1930, 1952, 1983, 1997, 1998, 2000, 2022, 2047, 2051, 2057, 2075, 2076, 2077, 2078, 2079, 2098, 2134*, 2151, 2171, 2176, 2184, 2185, 2202, 2219, 2237, 2240, 2249, 2264, 2266, 2272, 2274, 2277, 2279, 2280, 2287, 2288, 2310, 2311, 2313, 2314, 2318, 2332, 2333, 2342, 2343, 2375, 2383, 2386, 2396, 2397, 2400, 2405? 2406, 2412, 2418, 2421, 2423, 2424, 2430, 2434, 2444, 2445, 2446, 2447, 2448, 2449, 2450. 2451, 2452, 2454, 2455, 2456, 2458, 2468, 2470? 2474, 2475, 2476, 2477, 2479, 2480, 2481, 2482, 2484, 2492, 2500, 2503, 2507, 2553, 2554, 2557, 2560, 2561, 2564, 2565, 2568, 2589, 2630, 2642, 2643, 2649, 2650, 2712, 2717, 2718, 2724, 2745, 2746, 2756, 2761, 2767, 2771, 2772, 2773, 2774, 2776, 2791, 2792, 2793, 2797, 2805, 2813, 2814, 2818, 2824, 2828, 2830, 2831, 2832, 2843, 2859, 2870, 2875, 2902, 2905, 2908, 2913, 2923, 2928, 2929, 2945, 2962, 2964, 2965, 2986, 2989, 3004, 3006, 3021, 3030, 3031, 3040, 3043, 3101, 3102, 3113, 3128, 3131, 3146, 3150? 3156, 3186, 3189, 3200, 3202, 3217, 3228, 3295, 3296, 3306, 3314, 3324, 3328, 3329, 3334, 3335, 3336, 3338, 3339, 3340, 3360, 3369, 3372, 3375, 3393, 3395, 3408, 3409, 3421, 3435, 3452, 3461, 3466, 3467, 3473, 3477, 3493, 3495, 3501, 3504, 3545, 3551, 3553, 3575, 3578, 3581, 3583, 3585, 3586, 3587, 3591, 3615, 3623, 3637, 3639, 3640, 3641, 3642, 3643, 3661, 3705, 3715, 3722, 3737, 3752, 3753, 3754, 3755, 3797, 3811, 3814, 3816, 3838, 3857, 3858, 3869, 3875, 3878, 3880, 3921, 3929, 3931, 3975, 3985, 4002, 4003, 4038, 4039, 4041, 4060, 4080, 4082, 4085, 4088, 4098, 4101, 4133, 4134, 4135, 4136, 4142, 4144, 4148, 4215, 4232, 4233, 4237, 4244, 4246, 4247, 4249, 4254, 4255, 4264, 4269, 4280, 4286, 4287, 4288, 4289, 4291.
PYRÉNÉES (Basses-) : 124, 403, 451, 581, 591, 726, 1665, 2308, 2493, 3044, 3078, 3236, 3471.

Pyrénées (Basses-) au-delà de Bayonne : 1781.

Pyrénées centrales : 12, 41, 154, 233, 405, 445, 451, 458, 459, 604, 703, 740, 744, 800, 844, 859, 873, 1016, 1017, 1019, 1020, 1134, 1174, 1185, 1206, 1334, 1356, 1374, 1381, 1387, 1431, 1451, 1522, 1523, 1646, 1665, 1777, 2081, 2349, 2380, 2393, 2437, 2442, 2471, 2587, 2725, 2806, 2820, 2898, 2914, 3076, 3151, 3331, 3363, 3413, 3471, 3482, 3502, 3536, 3554, 3559, 3597, 3600, 3809, 3816, 3984.

Pyrénées (chaîne des) : 125, 600, 1011, 1161, 1421, 1499, 1753, 1756, 1856, 2036, 2275, 2548, 2680, 2974, 2978, 3194, 3337, 3362, 3422, 3522, 3934.

Pyrénées (chaîne des) depuis le Cambredase près de Mont-Louis jusqu'aux Eaux-Bonnes dans les Pyrén.-Occident. : 2770.

Pyrénées (chaîne des) depuis les Eaux-Bonnes jusqu'à la vallée d'Eynes : 1455.

Pyrénées (centre de la chaîne des) : 3388.

Pyrénées (haute chaîne des) : 1416.

Pyrénées depuis Mont-Louis jusqu'aux Eaux-Bonnes : 1713.

Pyrénées (des) à l'embouchure de la Loire et aux environs de Romorantin (Loir-et-Cher) : 2364.

Pyrénées (de 600 à 2,400 mètres au-dessus du niveau de la mer) : 1447.

Pyrénées élevées : 1288, 1295, 1308, 2138.

Pyrénées (Hautes-) : 309, 325, 437, 482, 524, 531, 593, 1201, 1432, 1433, 1434, 1708, 1712, 1829, 2050, 2204, 2375, 2377, 2378, 2823, 3075, 3180, 3195, 3215, 3726, 3727, 3758, 3759, 3771, 3806, 4049.

Pyrénées jusqu'à Mont-Louis, Cauterets : 3919.

Pyrénées méridionales : 2752.

Pyrénées (montagnes des) : 254.

Pyrénées-Occidentales : 445, 515, 1374, 1451, 1876, 1884, 2054, 2340, 2612, 3749, 3809, 4037, 4137.

Pyrénées-Occidentales de Pau à Bagnères-de-Bigorre : 830.

Pyrénées-Orientales : 8, 21, 38, 41, 67, 89, 119, 147, 149, 156, 197, 211, 213, 224, 280, 287, 291, 296, 330, 345, 375, 383, 390, 396, 403, 408, 437, 452, 493, 522, 538, 541, 563, 577, 628, 642, 649, 702, 711, 717, 799, 809, 807, 844, 859, 873, 997, 1012, 1019, 1033, 1093, 1108, 1134, 1185, 1218, 1357, 1387, 1426, 1430, 1431, 1435, 1442, 1491, 1522, 1523, 1529, 1534, 1577, 1579, 1585, 1602, 1615, 1622, 1640, 1650, 1663, 1669, 1679, 1703, 1716, 1732, 1737, 1746, 1815, 1817, 1830, 1836, 1866, 1881, 1906, 1909, 1933, 1940, 1942, 1949, 1963, 1973, 1975, 1995, 2015, 2030, 2071, 2093, 2112, 2142, 2152, 2181, 2188, 2191, 2194, 2248, 2276, 2292, 2312, 2319, 2327, 2328, 2334, 2346, 2354, 2355, 2356, 2362, 2376, 2385, 2393, 2488, 2497, 2555, 2557, 2587, 2607, 2611, 2685, 2723, 2725, 2735, 2802, 2818, 2820, 2840, 2844, 2855, 2891, 2893, 2896, 2898, 2914, 2927, 2930, 2940, 2947, 2951, 3023, 3041, 3076, 3193, 3214, 3413, 3455, 3502, 3604, 3628, 3743, 3749, 3871, 3960, 4006, 4235, 4249, 4265.

Pyrénées-Orientales jusqu'à la hauteur de Céret : 3374, 3513.

Pyrénées-Orientales jusqu'à Olette : 1781, 3204, 3785, 3959, 3961.

Pyrénées-Orientales jusqu'au Vernet : 3034, 3204, 3959.

Pyrénées-Orientales jusqu'à Villefranche : 3034, 3513.

Pyrénées-Orientales (régions élevées depuis les vallées des), vals d'Eynes et de Llo, jusqu'aux Eaux-Bonnes : 602.

Pyrénées-Orientales (vallée des) : 539, 4142.

Pyrénées-Orientales (vallée des) jusqu'à Fond-de-Comps : 2915.

Pyrénées (au pied des) : 653.

Pyrénées (région alpine des) : 611, 2307, 2410, 2562, 3404.

Pyrénées (région alpine de la chaîne des) : 1437, 2278.

Pyrénées (régions alpines des) centrales et occidentales : 3500.

Pyrénées (région subalpine des) : 2429, 2562.

Pyrénées (s'élève dans les) jusqu'aux buttes de Serres près de Barèges : 1394.

Pyrénées (sommets des) : 145, 1436.

Pyrénées (vallée des) : 3114, 3212, 3300.

Q

Quayras (le) (Dauphiné) : 27, 230, 429, 498, 544, 1009, 1171, 1458, 1557, 1710, 1741, 1985, 2287, 2380, 2451, 2821, 2823, 3114, 3338, 3339, 3340, 3387.

Quayras (Alpes du) : 2473.

Quayras (cols entre la vallée de Cervières et celle de) : 2479.

Quayras (combes du) : 1789.

Quayras (fond de) : 183.

Quayras (route de Briançon au) : 187.

Quayras (vallée du) : 1142, 1437, 1694, 2183, 2291, 2403, 3180, 3336, 3467.

Quayras (sommet de la vallée du) : 2184.

Quenques (monts de) (Pyrénées) : 2477.

Quenza (Corse) : 489, 1852, 2438.

Quenza (entre Talano et) : 29, 2591.

Querquesalles près de Vimoutiers (Orne) : 128, 2857.

QUERQUEVILLE (Manche) : 930.
QUEUE-EN-BRIE (bois de la) : 100.
QUIBERON (Morbihan) : 678, 1681, 2652, 2809, 3054, 3137, 3855, 3913, 4058.
QUIBERON (de Bayonne à). *V.* Bayonne.
QUILLAN dans les Corbières (Aude) : 542.
QUILLANE (la) près Mont-Louis (Pyrénées-Orientales) : 1499.
QUILLEBOEUF (Eure) : 1168, 2676.
QUIMPER : 171, 562, 1553, 2610, 2711, 3525, 3983.
QUIMPER (de Bayonne à) : 875.
QUINEVILLE (Manche) : 468, 1318, 2127, 3890, 3929.
QUISSAC (Gard) : 3020.

R

RABA (Hautes-Pyrénées) : 1432, 1434.
RABAT (mont de) (Pyrénées) : 1426, 2406.
RABOT (Pyrénées) : 2343.
RABOU près de Gap : 36, 102, 211, 498, 548, 807, 1536, 1538, 1636, 1678, 1694, 1695, 1706, 1707, 1740, 1787, 1789, 1881, 1890, 1907, 1954, 1967, 2014, 2046, 2057, 2235, 2337, 2898, 2906, 2923, 2945, 3026, 3029, 3186, 3575, 3626, 4137.
RABOU (de) à la Grangette : 2852.
RACHET (mont) près de Grenoble : 345, 422, 771, 1061, 1678, 1881, 2113, 2854, 3501, 3510, 3871.
RAGUE (vallon de la Grande-) (Var) : 698.
RAMBAUD (Alpes du Dauphiné) : 536.
RAMBERVILLERS (Vosges) : 1409, 2506, 3772, 3802, 3859, 3883, 4209.
RAMBERVILLERS à 300 mètres d'élévation : 2426.
RAMBOUILLET : 289, 449, 545, 748, 928, 1264, 1386, 1586, 1980, 2170, 2541, 2838, 3162, 3775, 3776, 3777, 3801, 3805, 3892, 3930, 4024.
RAMBOUILLET (étang du Serisaye) : 1202, 2426, 3593, 3806.
RAMONDENS (forêt de) (Tarn) : 3408.
RAMSTEIN (château de) (Alsace) : 4100.
RANCIÉ (montagne de) (Pyrénées) : 2393.
RANDAN (Auvergne) : 1053.
RANDANNE (Puy-de-Dôme) : 1444, 1878.
RAON-DE-LA-CROIX (Cantal) : 249.
RAPHAEL (champ) (Ardèche) : 2338.
RASNE (Orne) : 1305.
RAT (port de) (Pyrénées) : 1430, 2444.
RAZE (Pyrénées) : 1755.
RÉ : 2526, 3573.
RÉ (île de) : 185, 2120, 2807, 3052, 3054, 3055, 3952, 4009, 4062.
RECULET (le) (Jura) : 56, 124, 435, 496, 578, 593, 743, 1022, 1115, 1116, 1176, 1294, 1377, 1420, 1439, 1457, 1536, 1566, 1824, 1828, 2000, 2277, 2279, 2298, 2304, 2305, 2311, 2347, 2399, 2428, 2429, 2445, 2446? 2492, 2642, 2745, 2767, 2773, 2805, 3030, 3076, 3339, 3372, 3493, 3644, 3773, 3877, 3921, 3973, 3984, 4092, 4141, 4145, 4244.
RECULET (au-dessus du) du côté de la Suisse : 2332.
RECULET (la Dôle au) : 2455, 2456, 2458.
RECULET (sommet du) : 2847.
RECULET de Toiry (Jura) : 527.
REGNÉVILLE (côtes de la Manche) : 1903.
REGNIER (Provence) : 2489.
REGNIER (montagne du) : 2930.
REIMS : 1501, 2008, 2058, 2061, 3478, 3486, 3772, 3809, 3828, 3886, 3915, 3928, 4209.
REIMS (entre Châlons-sur-Marne et). *V.* Châlons-sur-Marne.
REIN-DU-BOIS (Cher) : 3795, 3806.
REIN-DU-BOIS (forêt du) : 3831.
REMÉRÉVILLE près de Nancy : 1307, 1614.
REMIREMONT (Vosges) : 2462, 3859.
REMIREMONT (de) à Sierk : 1392.
RÉMOLÉON près de Gap : 3710.
REMY près Compiègne : 1323, 2803.
RENEBS-LES-BAINS (Pyrénées) : 2057.
RENNES : 47, 158, 229? 261, 451, 1553, 2602, 2646, 2647, 2777, 3630, 3676, 3705, 3831, 3848, 3892, 4010, 4098.
RENOSO (Corse) : 2910.
RENOSO (monte) : 2179, 2379, 2728, 2775, 2958, 3038, 3354, 4144.
RENOSO (Pozzi del monte) : 3022.
RESTONICA (mont) (Corse) : 1589.
RESTONICA (gorges de la) : 767, 1172, 1845, 1901, 2148.
RETOURNEMER (Vosges) : 3813.
RETOURNEMER (lac de) : 136.
REUILLY (bois de) (Eure) : 36.
REVEL près de Grenoble : 127, 259, 496, 743, 1026, 1173, 1357, 1565, 1616, 1805, 1824, 1826, 1852, 1883, 1887, 1888, 1912, 1954, 1985, 1997, 2083, 2095, 2143, 2287, 2316, 2343, 2407, 2444, 2456, 2480, 2945, 2965, 3043, 3350, 3353, 3410, 3774, 3807, 3816, 3835, 3857, 3858, 3972, 4041, 4088, 4141, 4142.
REVEL (au-dessous de) : 5.
REVEL (au-dessus de) : 22, 2237, 3340, 4293.
REVEL (montagne de) : 2347.
REVERSWILLER (Moselle) : 3704.
REVEST près de Toulon : 1646.
REVIGNY près de Lons-le-Saulnier (région des vignes) : 3754.

Reyran (vallée de) : 2391.
Rhénane (région) : 1099.
Rhin (Bas-) : 2375, 3676.
Rhin (bords du) : 1006, 1334, 2756, 3207, 3312, 3313, 3343, 3969.
Rhin (bords du) à Philipsbourg : 3133.
Rhin (bords du) à Strasbourg : 2109, 3314.
Rhin (Haut-) : 1199, 3676, 3871.
Rhin (îles du) : 194.
Rhin (îles du) près de Strasbourg : 3353, 3789.
Rhin (sables du) : 1822, 3025.
Rhin (vallée du) : 2717, 4273, 4275.
Rhinau (Bas-Rhin) : 3787, 3789.
Rhodez : 359, 553.
Rhône : 2257, 3383.
Rhône (bassin du) à Mornas près d'Orange et à Saint-Paul-trois-Châteaux : 490.
Rhône (bords du) : 452, 2416, 3217, 3242, 3969.
Rhône (bords du) en remontant jusqu'à Lyon : 1238, 1684, 1797, 3024, 3657.
Rhône (bords du) jusqu'au-dessus de Lyon : 1662.
Rhône (bords du) près de Lyon : 1984, 2233.
Rhône (bords du) jusqu'à Lyon et Belley : 1655.
Rhône (bords du) de son embouchure jusqu'à Lyon et le Bugey : 3468.
Rhône (bords du) et de ses affluents : 3314.
Rhône (Bouches-du-). *V.* Bouches.
Rhône (îles du) près de Lyon : 1813, 2745.
Rhône (îles du) près de Valence : 1813.
Rhône (le) de son embouchure jusqu'à Vienne en Dauphiné : 1745.
Rhône (le) en remontant jusqu'à Nantua : 1750.
Rhône (le long du) de la mer à Orange : 1331.
Rhône (le long du) jusqu'à Avignon : 840.
Rhône (le long du) jusque près de Genève : 1395.
Rhône (rives droites du) : 2152.
Rhône (vallée du) : 2047, 2120, 2303, 2717, 2980, 4017, 4273, 4275.
Rhône (vallée du) de son embouchure jusqu'à Lyon : 2915, 3958, 3991, 4023, 4221.
Rhône (vallée du) jusqu'à Ampuis près de Vienne : 2915.
Rhône (vallée du) jusqu'à Beaune : 3204.
Rhône (vallée du) jusqu'à Belley : 3206.
Rhône (vallée du) jusqu'à Montélimart : 3785.
Rhône (vallée du) jusqu'à Vienne : 4192.
Rhône (vallées du) et de ses affluents jusqu'à Grenoble, Châlons-sur-Saône, Arbois et Besançon : 4214.
Ribeauvillé (Haut-Rhin) : 1056, 3139.
Riberac : 2046, 2079, 4033.
Ribiers (Hautes-Alpes) : 2489.
Richelieu (Indre-et-Loire) : 153.
Rie (Pyrénées-Orientales) : 1975.
Rie (montagne de) : 1450, 2806.
Riou-Mayou (vallée d'Aure) : 1716.
Ris (Seine-et-Oise) : 2196, 2273, 2783.
Ris-Chauvron (Haute-Vienne) : 4281.
Rivelata (cap) (Corse) : 3561.
Rivesalte (fort de) (Corse) : 3046.
Roanne (Allier) : 1960.
Roanne (Yonne) : 1095.
Roc-Blanc (au) (Pyrénées) : 5.
Rocca-Galiniera (Pyrénées) : 2587.
Rochante entre Agde et Béziers : 3537.
Rochas-Roux (le) (Alpes du Dauphiné) : 3334.
Roche (la) près Gap : 2230.
Roche-l'Abeille (la) (Haute-Vienne) : 4060.
Roche-des-Arnauds près de Gap : 507, 2681, 3545.
Roche-des-Arnauds (entre la) et Matacharre (Alpes du Dauphiné) : 2057.
Roche-Bernard (la) (Morbihan) : 3996.
Roche-en-Breuil (Côte-d'Or) : 1593, 1856, 3808.
Roche-Guyon (la) (Seine-et-Oise) : 24, 37, 103, 164, 176, 190, 320, 398, 650, 660, 691, 838, 852, 1011, 1117, 1285, 1548, 1551, 1612, 1642, 1815, 2273, 2381, 2613, 2658, 2684, 2832, 3005, 3074, 3242, 3532, 3580, 3589, 3642, 3649, 4101.
Roche-du-Mont près d'Ornans (Doubs) : 1537.
Rocheblable près de Molines (Lozère) : 1987.
Rochefort : 2427, 3054, 3206, 3917.
Rochelle (la) : 107, 185, 370, 385, 961, 997, 1168, 2199, 2427, 2517, 2518, 2951, 3054, 3543, 3855, 3952, 4062, 4196.
Rochelle (de Bayonne à la). *V.* Bayonne.
Roches-en-Brénil (Côte-d'Or) : 1844.
Roches-Talla près de Vienne (Dauphiné) : 1444.
Rocroy (environs de) : 2098.
Rodemack (Moselle) : 1984.
Rohrbach (entre Bitche et) (Alsace) : 3139.
Rolleboise (Seine-et-Oise) : 650.
Romagne dans la Vienne : 1087.
Romainville près de Paris : 1038, 1914, 2196, 2402, 2779.
Romanche (bords de la) : 2475.
Romanche (bords de la) près de la Grave : 275, 1302.
Romans (Drôme) (bords du Rhône) : 1798, 1855, 2120, 2606, 2914, 3118, 4020.
Roméo (fond) (Pyrénées) : 65.

Romorantin : 3802.

Romorantin (des Pyrénées aux environs de) : 2364.

Ronceveaux près Malesherbes (Loiret) : 1791.

Roque (au-dessus du pont de la) près de Chambraud (rive gauche de la Creuse) : 412.

Roque-Haute entre Agde et Béziers : 4277.

Roque-Haute (mares du plateau de) près d'Agde : 4283.

Roquefavour près d'Aix : 655, 736, 2595, 3020, 3027, 3234.

Roquefavour (aqueduc de) : 2122.

Roquelaure (Gers) : 290.

Roquemaure près St-Esprit (Gard) : 2391.

Roquette (la) (Pyrénées) : 2476.

Rosans (Dauphiné) : 1103.

Rosberg (Hautes-Vosges) : 2066, 2649.

Rosbruck (Moselle) : 1831, 4073.

Rosfeld (Bas-Rhin) : 3540, 3860.

Rosheim (Bas-Rhin) : 3920.

Rosny (Seine-et-Oise) : 2794.

Rostonica (gorges de la) (Corse) : 2892.

Rotabac (Vosges) : 32, 1288, 1808, 1866, 1995, 2066, 2287, 2814, 3461, 3504, 3859, 4289.

Rothweil (Alsace) : 1932.

Rotoneau (île) près de Marseille : 494.

Rotundo (monte) (Corse) : 114, 134, 217, 268, 285, 297, 349, 438, 714, 767, 808, 857, 1172, 1288, 1388, 1413, 1535, 1565, 1838, 1845, 1913, 1991, 2148, 2379, 2457, 2643, 2728, 2775, 2892, 3022, 3038, 3228, 3520, 3738, 3875, 3974, 3985, 4080, 4088, 4104, 4144.

Rotundo (entre Corté et monte) : 1199.

Rouen : 69, 100, 128, 166, 201, 228, 311, 342, 343, 357, 362, 411, 433, 459, 462, 545, 642, 704*, 707, 927, 965, 1099, 1152, 1159, 1323, 1341, 1389, 1390, 1504, 1547, 1555, 1588, 1600, 1602, 1663, 1717, 1728, 1770, 1777, 1842, 1843, 1856, 1864, 1974, 2062, 2127, 2366, 2368, 2370, 2448, 2558, 2560, 2567, 2601, 2618, 2626, 2658, 2676, 2678, 2682, 2683, 2691, 2707, 2759, 2766, 2786, 2793, 2794, 2832, 2867, 2904, 2905, 3183, 3359, 3426, 3639, 3775, 3789, 3801, 3820, 3871, 3882, 3919, 3954, 3970, 3989, 4020, 4048.

Rouet (au) près de Marseille : 694.

Rouffach (Alsace) : 1000, 1056, 1508, 1602, 1669, 1774, 1815, 1932, 2109, 2954, 3426, 3920, 4100.

Rougeaux près Paris : 650, 691, 704*, 928, 942, 1323, 1662, 1663, 2273, 2613, 2794, 3262, 3494, 3532, 3678, 3801, 3864, 4228.

Roumiga (Pyrénées) : 1755.

Rousses (îles) (Corse) : 354, 845, 1468, 1469, 2027, 2958, 2992.

Rousses (les) (Jura) : 242, 1250, 2771, 3775, 3849.

Rousses (lac des) : 3215, 3773.

Rousses (vallée des) : 3351, 3352.

Roussillon : 109, 159, 292, 370, 391, 495, 500, 569, 601, 775, 785, 786, 787, 788, 861, 907, 916, 922, 1011, 1045, 1048, 1053, 1107, 1117, 1121, 1359, 1479, 1493, 1495, 1571, 2161, 2168? 2188, 2189, 2365, 2777, 2914, 3255, 3265, 3292, 3299, 3373, 3413, 3936, 3997, 4004, 4098.

Roussillon (Bas-) : 152.

Roussillon (côtes du) : 3957.

Roussillon (toute la plaine du) : 2940.

Roussillon dans l'Ain : 2324.

Rouvray (Côte-d'Or) : 1301, 1593, 1603.

Rouvray (forêt du) près de Rouen : 642.

Rouvres près Crépy (Oise) : 3954.

Rouvres près de Falaise : 951.

Roux (la Provence au cap) : 569.

Royan (Charente-Inférieure) : 185, 932, 3937, 4058.

Royat près Clermont-Ferrand : 218, 1444.

Royat (bois de) : 531.

Royaumont près de Paris : 3227.

Rozel (fossés du) (Manche) : 203.

Rueil (Seine-et-Oise) : 2127, 2783.

Rugles (Eure) : 271.

Ruines (sous le chalet de) (Alpes du Dauphiné) : 2561.

Ruines (vallée de) sous la Côte-Ronde : 320.

Rully (bois entre) et Chamilly (Saône-et-Loire) : 3849.

Russey (le) (Jura) : 3813.

Russy près de Paris : 3829.

Russy-Montigny près de Villers-Cotterets (Aisne) : 2651.

Rustino (Corse) : 507.

Ryes près de Bayeux : 792.

S

Sablettes (les) près de Toulon : 512, 1014.

Sablonceaux (Charente-Inférieure) : 1973.

Sablons près de Paris : 901, 1358, 3937.

Sacon (mont) près de Mauléon : 2386.

Sacou (mont) (Pyrénées) : 1104.

Sacroust (gorge au pied du pic) par le port d'Estaouats ou de la Glère (Pyrénées centrales) : 2442.

Sacy-le-Grand (Oise) : 1769, 1770, 2040, 3382, 3772.

Saffarera (rochers de) (Pyrénées-Orientales) : 1426.

Sagone (Corse) : 1543, 3066.

Sagone (golfe de) : 487.
Saint-Adrien près de Rouen : 342, 398, 401, 433, 2794.
St-**Agnan** près de Saint-Mihiel (Lorraine) : 3797.
St-**Amand** : 274.
St-**Amand** (entre) et Bourges : 1508.
St-**Amanza** près de Bonifacio : 745, 2017, 2024.
St-**Amarin** (val de) (Haut-Rhin) : 1307.
St-**Ambroix** (Gard) : 2, 458, 835, 1219, 1544, 1595, 1763, 1816, 1855, 1931, 1964, 1968, 1973, 1983, 2015, 2046, 2079, 2113, 2116, 2120, 2159, 2607, 2618, 2680, 2891, 2895, 2897, 2922, 2970, 2971, 2983, 3023, 3233, 3241, 3261, 3510, 3855, 3979, 3989.
St-**Andéol** (lac) sur l'Aubrac (Auvergne) : 4280.
St-**Andiol** près de Prats-de-Mollo (Pyrénées-Orientales) : 1940.
St-**André** (Hérault) : 3261.
St-**André** (Lozère) : 1911.
St-**André-de-Valbargne** (Languedoc) : 539, 1179.
St-**Aniat** (Pyrénées) : 4002.
St-**Annonza** (Corse) : 2258.
St-**Antoine-de-Galamus** dans les Corbières (Aude) : 335, 905, 1908.
St-**Arnoux** près de Grasse : 685, 737, 2968, 3305, 4003, 4004.
St-**Auban** (Alpes de la Provence) : 2932.
St-**Aubin** près d'Elbeuf (Seine-Infre) : 1842.
St-**Aubin** (Côte-d'Or) : 3034.
St-**Augustin** (Charente-Inférieure) : 3776.
St-**Avold** (Moselle) : 1984.
St-**Barthélemy** près Angers : 982.
St-**Béat** (Haute-Garonne) : 28, 146, 325, 334, 591, 1168, 1453, 1659, 2036, 2079, 2189, 2393, 2649 (montagnes de Ric 2806), 2895, 3006, 3075, 3484, 3501, 3921.
St-**Béat** (l'Estagneau à) : 2709.
St-**Beauzire** (Puy-de-Dôme) : 3883.
St-**Bernard** (mont) (Alpes) : 2364, 4049.
St-**Bernard** (roche de) près de Gavarnie (Pyrénées) : 3880.
St-**Bonnet** (Dauphiné) : 224.
St-**Bonnet-le-Froid** près de Lyon : 1717, 2338.
St-**Brice** (marais de) (Marne) : 3800.
St-**Bruno** (chapelle) près de la Grande-Chartreuse (Dauphiné) : 3435.
St-**Céré** (Lot) : 830, 2207.
St-**Cergues** (entre) et la Faucille (chaîne du Jura) : 3880.
St-**Césaire** (Gard) : 1542.
St-**Chamas** près de Marseille : 985, 2245, 3365, 3890.
Saint-Chamond près de Lyon : 800.
St-**Chéré** (Gard) : 3020.
St-**Chinian** dans les Basses-Cévennes : 1987.
St-**Chinian** près de Montpellier : 290, 379, 1066, 1679, 4096, 4221.
St-**Christol** (Provence) : 539.
St-**Christophe** (Alpes du Dauphiné) : 2644.
St-**Clément** près Mont-Dauphin (Alpes du Dauphiné) : 1023, 1024.
St-**Cloud** (Seine-et-Oise) : 14, 208, 760, 826, 852, 1031, 1313, 1341, 1591, 1914, 2014, 2214, 2402, 2780, 2912, 3400, 3580, 3606, 3618, 3652, 4228.
St-**Cucupha** près de Paris : 164, 1300, 1777, 2032, 2507, 2567, 2667, 3639, 3834, 3872, 4210, 4260.
St-**Cyr** (Loir) : 1067.
St-**Cyr** (Seine-et-Oise) : 2784, 3107, 3132.
St-**Cyr** (Var) : 430, 3006.
St-**Cyr-en-Talmondais** (Vendée) : 4023.
St-**Denis** (Seine) : 184, 190, 707 (près le fort de l'Est 1085), 1086, 1486, 1603, 2196, 2926.
St-**Denis-en-Val** près d'Orléans : 100.
St-**Didier** (Côte-d'Or) : 1844.
St-**Didier** (Saône-et-Loire) : 3782.
St-**Donat** près de Sisteron : 1.
St-**Elme** (batterie) près de Toulon : 1014.
St-**Eloy** (Nièvre) : 1067.
St-**Esprit** (pont) (Gard) : 4207.
St-**Etienne** (Basses-Pyrénées) : 515.
St-**Eynard** près de Grenoble : 345, 826, 836, 1061, 1752, 1789, 1837, 2140, 2277, 2322, 2400, 2649, 2650, 2828, 2854, 3030, 3189, 3190, 3372, 3626.
St-**Eynard** entre Saint-Imier et la Grande-Chartreuse (Alpes du Dauphiné) : 1780.
St-**Firmin-sur-Loire** près de Tours : 3792.
St-**Florent** (Cher) : 826, 1973.
St-**Florent** (sables du Cher) : 3782.
St-**Florent** (Corse) : 512, 682, 686, 795, 858, 989, 997, 1089, 1114, 1128, 1322, 1519, 1584, 1771, 1853, 1898, 1950, 2021, 2063, 2139, 2532, 2681, 2921, 2992, 3024, 3064, 3066, 3237, 3238, 3794, 3837, 3890, 3929, 4051.
St-**Florent** (au pied des murs de la citadelle de) (Corse) : 1487.
St-**Florent** (bergerie de) (Corse) : 2892.
St-**Florent** (Dordogne) : 4060.
St-**Florent-des-Bois** (Vendée) : 3776.
St-**Gaudens** (Pyrénées) : 826.
St-**Geniès** près de Serres (Aude) : 2100.
St-**Geniès** près de Sisteron : 211, 3006, 3400.
St-**Geniez** (Hérault) : 1466.
St-**Geniez-le-Bas** (Hérault) : 3559.
St-**Geniez-le-Haut** (Hérault) : 2725.

SAINT-GENIS-LE-DÉSOLÉ (Hautes-Alpes) : 1692.
St-GEORGES près de Grenoble : 271.
St-GEORGES près de Montpellier : 3994.
St-GEORGES sur la Vienne : 1668.
St-GEORGES-DU-BOIS (Charente-Inférieure): 4023.
St-GEORGES-DE-BOSCHERVILLE près Rouen : 1099.
St-GERMAIN (havre de) (Manche) : 3053.
St-GERMAIN-EN-LAYE (Seine-et-Oise) : 14, 103, 117, 128, 160, 164, 184, 196, 228, 460, 462, 642, 650, 742, 757, 1099, 1117, 1119, 1155, 1204, 1264, 1303, 1525, 1588, 1603, 1642, 1663, 1777, 1842, 1843, 1958, 2008, 2127, 2255, 2272, 2273, 2366, 2453, 2514, 2551, 2558, 2566, 2613, 2654, 2766, 2816, 2926, 2936, 2986, 2996, 3005, 3074, 3184, 3192, 3229, 3232, 3235, 3262, 3280, 3425, 3495, 3532, 3580, 3592, 3614, 3617, 3618, 3619, 3624, 3645, 3649, 3795, 3800, 3822, 3847, 3864, 3882, 3886, 4098, 4152, 4225.
St-GERMAIN-DES-VEAUX (presqu'île de la Manche) : 2538, 2639.
St-GERMER près Beauvais : 69, 128, 449, 566, 1202, 1293, 1300, 1582, 1590, 1612, 1717, 1877, 2447, 2566.
St-GERVAIS près de Blois : 2595.
St-GILDAS (Morbihan) : 3034, 3137.
St-GILLES (Gard) : 3855, 4131.
St-GRATIEN près de Paris : 69, 566, 967, 1099, 1555, 1630, 1970, 2248, 2454, 2553, 2996, 3035, 3132, 3133, 3382, 3576, 3592, 3639, 3658, 3667, 3771, 3772, 3783, 3784, 3883, 4210.
St-GUILHEM (Cévennes) : 597, 3363.
St-GUILHEM-LE-DÉSERT (Hérault) : 289, 1585, 2329, 2427, 2725, 2751, 2794, 3002, 3027, 3233, 3261, 3541, 3869, 3999, 4002, 4005, 4149.
St-GUILHEM-LE-DÉSERT (Lozère) : 1909, 3039, 3363.
St-HERBLON près d'Ancenis : 218, 344.
St-HILAIRE-DU-HARCOURT (Eure) : 2868.
St-HIPPOLYTE (Jura) : 4003.
St-HIPPOLYTE près d'Avignon : 1983, 4005.
St-HONORAT (île) (Var) : 1083.
St-HONORÉ (la Vieille-Montagne près): 2237.
St-HUBERT près de Versailles : 42, 480, 526, 638, 641, 1086, 1358, 2370, 3035, 3384, 3640, 3667, 3728 (étangs 3792), 4278.
St-HUGON (Alpes du Dauphiné) : 1616, 2185, 2458, 2549 (Orcière 2552).
St-IMIER près de Grenoble : 3849.
St-IMIER (entre) et la Grande-Chartreuse : 1780.
SAINT-JACQUES (étang) près de Remiremont : 2462.
St-JACQUES (roches) (Eure) : 323, 4001.
St-JEAN-DU-GARD : 2071, 2922, 3261.
St-JEAN-DE-LUZ (Pyrénées) : 3796.
St-JEAN-DE-LUZ (de) à Quimper : 555.
St-JEAN-DE-MONT (Vendée) : 3855, 4058.
St-JEAN-PIED-DE-PORT (Basses-Pyrénées) : 260, 939, 1810, 1935, 2087, 2443, 2595, 3823, 3930, 4040.
St-JEAN-PIED-DE-PORT (de Prats-de-Mollo à) : 600.
St-JEAN-LE-THOMAS près Avranches : 2862.
St-JEAN-DE-VÉDAS près de Montpellier : 862, 1464, 1592, 1983, 2696.
St-JULIEN à Garat-de-Dorbignac près de Dax : 1597.
St-JULIEN (Jura) : 3813, 3878.
St-JULIEN (ruisseau de) près de Metz : 695.
St-JULIEN-SUR-BIBOST (Rhône) : 2152.
St-JULIEN-DE-CONCELLES (Loire-Infre) : 3133.
St-JULIEN-DES-ROUSSES (Doubs) : 3830.
St-JUST près Vernon (Eure) : 36, 158.
St-LAMBERT près Fréjus : 3396.
St-LAURENT (Ain) : 3041.
St-LAURENT (Seine-Inférieure) : 1168.
St-LAURENT (tertre) près du Mans : 293.
St-LAURENT-DU-PONT (Isère) : 2949.
St-LAURENT-DU-PONT (marais de) : 2714.
St-LAURENT-DU-VAR : 3943.
St-LÉGER (Côte-d'Or) : 3859.
St-LÉGER près de Paris : 42, 45, 47, 69, 262, 263, 264, 403, 411, 449, 450, 451, 480, 545, 563, 566, 609, 633, 638, 642, 643, 658, 660, 748, 793, 801, 803, 924, 1202, 1249, 1250, 1264, 1273, 1275, 1278, 1279, 1281, 1282, 1283, 1289, 1293, 1305, 1323, 1351, 1358, 1364, 1365, 1366, 1374, 1586, 1600, 1857, 1916, 1980, 1999, 2170, 2176, 2288, 2370, 2397, 2421, 2426, 2435, 2436, 2437, 2441, 2454, 2460, 2463, 2464, 2503, 2506, 2541, 2542, 2553, 2737, 2816, 2836, 2838, 2942, 2982, 3035, 3162, 3328 et la var., 3350, 3358, 3359, 3382, 3383, 3384, 3460, 3509, 3576, 3577, 3592, 3663, 3667, 3714, 3728, 3730, 3739, 3754, 3767, 3774, 3775, 3776, 3777, 3795, 3797, 3798, 3800, 3801, 3802, 3805, 3806, 3808, 3826, 3828, 3829, 3831, 3834, 3836, 3847, 3890, 3892, 3894, 3899, 3982, 4024.
St-LÉGER-DES-BOIS (Maine-et-Loire) : 3802.
St-LÉONARD-DES-BOIS près d'Alençon : 2567.
St-LO : 641, 747, 1145, 1305, 1386, 1553, 1574, 1591, 1842, 1873, 2127, 2370, 2523, 2602, 2742, 2789, 2832, 2904, 4098.

St-Louis près de Marseille : 2994.
St-Louis (marais de) (Charente-Inférieure): 3789.
St-Loup près de Marseille : 1109.
St-Loup (pic) près de Montpellier : 186, 247, 289, 359, 1113, 1219, 1435, 1908, 1975, 1983, 2030, 2080, 2329, 2685, 3002, 3027, 3193, 3233, 3294, 3869, 3882, 4043.
St-Loup (plaine au pied du pic) : 1012.
St-Maixent (Deux-Sèvres) · 4250.
St-Malo : 1469, 2602, 3053, 3055, 4120, 4196.
St-Malo (de Dax à) : 3983.
St-Mamet (Pyrénées) : 1659 (mont 2481).
St-Mandé (Seine) : 360, 440, 1663, 2865, 3036.
St-Marcellin : 1815, 1955, 2012.
St-Maré (Yonne) : 1881, 4060.
St-Mart (Auvergne) : 1444.
St-Martin (Eure) : 1158.
St-Martin près de Toulouse : 3625.
St-Martin-d'Ardèche : 2897.
St-Martin-le-Beau près de Tours : 1099.
St-Martin-du-Canigou (Pyrénées-Orientales) : 3214.
St-Martin-de-Lasborde (Haute-Garonne) : 2808.
St-Martin-de-Londres (Lozère) : 3039.
St-Mathieu près de Montpellier : 3020.
St-Maur (Maine-et-Loire) : 273, 1554, 2980.
St-Maur (Seine) : 24, 109, 154, 155, 223, 279, 317, 320, 364, 440, 470, 509, 573, 600, 660, 801, 839, 852, 860, 901, 1040, 1044, 1509, 1561, 1591 (variété), 1603, 1770, 1969, 2214, 2366, 2388, 2613, 2635, 2678, 2758, 2779, 2783, 2865, 3210, 3235, 3440, 3532, 3606, 3822, 3864, 3886.
St-Maurice (Charente-Inférieure) : 701, 1484.
St-Maurice près de Paris : 398, 691, 1591, 1603, 2601.
St-Maurice (ballon de) (Hautes-Vosges) : 2066, 2237.
St-Michel (Meuse) : 636.
St-Michel près Saint-Leu (Oise) : 128.
St-Michel (mont) (Bretagne) : 766, 3053.
St-Michel (mont) (Corse) : 714.
St-Michel (mont) près la Mure (Isère) : 845, 955, 1014, 1097, 1181.
St-Michel-en-l'Herme (Vendée) : 2618.
St-Mihiel (Meuse) : 332, 1056, 1881, 2746, 3800.
St-Mitre près d'Arles : 402.
St-Nazaire (Loire-Inférieure) : 48, 1121, 1938.
St-Nectaire (Puy-de-Dôme) : 637, 1973, 2918.
St-Nectaire (route de Champeix à) : 418.
St-Nicolas près de Nîmes : 1512.
St-Nicolas près de Sard (Gironde) : 3191.
St-Nicolas (bords de l'étang de) près Angers : 1329, 2542.
St-Nizier au-dessus de Revel près de Grenoble : 5, 57, 59, 127, 212 (chemin des Pucelles 466), 577, 922, 1116, 1180, 1212, 1567, 1666, 1678, 1691, 1809, 2076, 2171, 2294, 2378, 2449, 2458, 3075, 3472, 3623, 3880, 3922, 3973, 3984, 4035.
St-Omer : 1877.
St-Ouen près Paris : 3822.
St-Pair (route de) près de Coutances : 177.
St-Palais (Charente) : 932, 2427, 2518.
St-Pancrace au Pertuis du Glas (Alpes du Dauphiné) : 1170.
St-Pantaléon (Lot) : 3513.
St-Paul (Basses-Alpes) : 1021, 3001.
St-Paul-de-Fenouilhèdes (Pyrén.-Orientales) : 905, 1976, 2036, 2113, 2427.
St-Paul-trois-Chateaux (Drôme) : 490, 1544, 1585, 3261.
St-Paul-de-Varces (Dauphiné) : 1669.
St-Paul-du-Vernay (Calvados) : 2789.
St-Pé en Béarn : 536.
St-Pencrasse (butte) (Gard) : 3020.
St-Pierre (col de) près Sisteron : 322.
St-Pierre (mont) (Corse) : 285, 363, 489, 1382, 2175.
St-Pierre-sur-Dive (Calvados) : 11, 126, 1603, 2385.
St-Pierre-Eglise (Manche) : 1323.
St-Pierre-sur-Haute (Loire) : 347, 1214, 2098, 2626, 3504, 3975, 4148.
St-Pierre-Louviers (Eure) : 2558.
St-Pierre-du-Mont (Calvados) : 1972.
St-Pierre-le-Moutier (étang de) (Nièvre) : 3133.
St-Pierre-du-Regard près Condé-sur-Noireau (Calvados) : 513.
St-Pierre-de-Vauvrey près de Louviers : 1974.
St-Pierreville (Ardèche) : 2116.
St-Prix (Seine-et-Oise) : 1371, 1506, 4152.
St-Quentin (Somme) : 3593.
St-Quentin (dunes de) (Manche) : 2447.
St-Quentin (étang de) près Versailles : 1195, 3035.
St-Quentin en Tourmont : 3843.
St-Quirin (depuis les montagnes de) jusqu'au ballon de Giromagny (Vosges) : 2185.
St-Quirin (sommets des montagnes de) : 2267.
St-Quirin (vallée de) : 1511.
St-Raphael (Corse) : 4282.
St-Raphael (Var) : 1328, 4168.

St-Romain-le-Puy près de Montbrison : 1573.
St-Samson près le marais Vernier (Eure) : 2434.
St-Samson (porte) près du Mans : 293.
St-Sauveur (Pyrénées) : 1806, 2349, 2393, 2587, 2913, 2989, 3004, 3435, 4101, 4120.
St-Sauveur (vallée de) : 3482.
St-Sauveur-le-Vicomte (Manche) : 499, 2567.
St-Seurin à Meschers (Charente-Infre) : 177.
St-Seurin (rochers de la Gironde de) aux Monnards : 194.
St-Sever (Landes) : 34, 48, 246, 490, 830, 833, 1123, 1344, 1603, 2504, 2595, 2610, 2623, 2809, 2922, 3522, 3523, 3731, 4009, 4040, 4120.
St-Sever (Pyrénées) : 1493.
St-Sever (forêt de) près de Vire : 2425.
St-Simon (Haute-Garonne) : 3396.
St-Sulpice (Creuse) : 3831.
St-Sulpice-le-Donzeil (Creuse) : 412.
St-Sylvain (Maine-et-Loire) : 3889.
St-Symphorien près de la Canourgue (Lozère) : 835.
St-Trajan (Bretagne) : 3525.
St-Tropèze (Var) : 199, 686, 1028.
St-Tronc près de Marseille : 680, 687, 859, 1109.
St-Urcisse (Tarn) : 1603.
St-Urcisse près de Monclar (Tarn-et-Garonne) : 2897, 3828.
St-Vaast-la-Hogue près de Cherbourg : 3952, 4196, 4197.
St-Vaast-de-Longmont près Verberie (Oise) : 1461.
St-Valery-sur-Somme : 148, 1606.
St-Vallier (Drôme) : 4229.
St-Vallier près de Grasse : 288, 2403, 2836, 3581.
St-Véran (Gard) : 3020.
St-Vincent près d'Ax (Ariège) : 4280.
St-Vincent-sur-Jard (Vendée) : 4058.
St-Waast (Manche) : 1879.
Ste-Baume près de Toulon : 211, 335, 573, 771, 844, 859, 1448, 2073, 2080, 2111, 2685, 2897, 2923, 2924, 3006, 3376, 4193.
Ste-Enimie près de Florac : 331, 813, 851, 1566, 1595, 1836, 1909, 1968, 2015, 2159.
Ste-Foix (vallon de) près de Dijon : 333, 1115.
Ste-Lucie (Aude) : 430, 3027.
Ste-Lucie (île) près de Narbonne : 718, 1014, 1575, 1629, 1655, 1861, 1985, 1987, 2028, 2029, 2107, 2108, 2120, 2126, 2657, 2970, 2992, 3053, 3056, 3058, 3059, 3067, 3069, 3070, 3071, 3072, 3238, 3244, 3890, 3965, 4195.
Ste-Marguerite près de Toulon : 792, 2244.
Ste-Marguerite (île) (Var) : 179, 202, 684, 765, 842, 845, 854, 978, 990, 992, 1069, 1512, 1542, 2129, 2624, 2959, 3002, 3065, 3240, 3992.
Ste-Thorette (Cher) : 4023.
Ste-Victoire (mont) près d'Aix : 188, 211, 335, 599, 738, 808, 860, 1179, 1711, 1872, 2752, 2836, 2870, 3006, 3025, 3026, 3029.
Saintonge : 117.
Salbout près du Vigan : 3545.
Salbouze (bois de) près d'Alzon (Gard) : 1933, 2918, 3231, 3510, 3849, 3882.
Salces (fontaine de) entre Narbonne et Perpignan : 3967.
Salden (port de) (Pyrénées) : 2292, 2561, 2931.
Salden (de Canillo à) : 1933.
Saleix (Pyrénées) : 1387, 1703, 2276, 2313, 2725, 2761, 2814, 2820, 3578.
Saleix à l'Escalette (Pyrénées) : 2185.
Saleix (port de) (Pyrénées) : 1174, 2000, 2332.
Saleix-aux-Tails (Pyrénées) : 2237.
Salenzara (bords de la) près son embouchure (Corse) : 2605, 3356.
Saléon (Hautes-Alpes) : 804.
Salette (la) près de Corbs (Isère) : 23.
Salfore (mont de) (Albères) : 2093.
Salines près de Clermont-Ferrand : 2494.
Salins (Jura) : 501, 1493, 1602, 1808, 1843, 1923, 2649, 2882, 3871.
Salliens (lac de) (Lozère) : 1606.
Salon (Bouches-du-Rhône) : 198, 997, 1127, 1475, 1722, 1763, 1927, 1931, 1938, 1950, 1968, 1981, 2025, 2116, 2120, 2132, 2139, 2144, 2149, 2150, 2159, 2623, 2680, 2971, 2972, 3225, 3252, 4104.
Salut (du Canigou au) (Pyrénées-Orientales) : 2555.
Salvanaire (Pyrénées) : 1666, 1753, 2184, 2555, 2761, 3151.
Salvi (Cévennes) : 3026.
Samblançais (Indre-et-Loire) : 4024.
Sampigny (Meuse) : 2437, 3795, 3806.
Sancerre : 851.
Sancy (pic de) (monts Dore) : 447, 546, 627, 1163, 1531, 1824, 1995, 1997, 2098, 2185, 3021.
Sancy (pentes du pic de) : 2287.
Sancy (puy de) : 806.
Sandronvillers près de Nancy : 695, 1151.
Sanguinaires (îles) (Corse) : 845, 906, 1853, 1861, 1880, 1919, 2011, 2064, 2263, 3064, 3066, 3548, 3699, 3998, 4104, 4114.

Santa-Manca (Corse) : 3064.
Santa-Maria (île de) (Corse) : 1575.
Santa-Nonza (Corse) : 1765, 2063.
Santes (marais de) près de Lille : 3795.
Santhenay (Côte-d'Or) : 1973 (étang 1974), 3034.
Santo-Antonio (Corse) : 1502.
Saône (marais de) (Doubs) : 1864, 3800, 3828, 3829.
Saône (rives de la) : 3242.
Saône (vallée de la) : 2503.
Saône (vallée de la) jusqu'à Cluny : 3991.
Saône-et-Loire : 1747, 1774, 2257, 2272, 2289, 2375, 2423, 2447, 2755, 2756, 2779, 3210, 3383, 3409, 3546, 3557, 3615, 3800.
Saône-et-Loire (montagnes de) : 3869.
Sapinière-du-Far près Saleix (Pyrénées-Orientales) : 1426.
Sappey (le) (Alpes du Dauphiné) : 1837, 2828, 3435, 3623.
Sarguemines : 1250, 1832, 3433, 3930, 4209.
Sarral (fort) (Pyrénées) : 3212, 3413.
Sarralbe (Lorraine) ; 1831.
Sarrats (les) (Pyrénées centrales) : 1174.
Sarre (rives de la) (Lorraine) : 1606.
Sarrebourg : 49, 135, 1195, 1210, 1215, 1254, 1290, 1307, 1832, 2086, 2703, 2714, 2755, 2857, 2879, 2882, 3105, 3133, 3139, 3775, 3802, 3831, 3928, 3930, 4133.
Sarrède (hermitage de) dans les Albères (Pyrénées-Orientales) : 541.
Sarri (plage de) (Corse) : 485.
Sartène : 77, 130, 239, 530, 684, 810, 947, 1015, 1073, 1081, 1089, 1108, 1380, 1775, 2064, 2117, 2260 (mont 2373), 2922, 2999, 3002, 3003, 3220, 3221, 3259, 3597, 3604, 3846, 4019, 4235.
Sarthe : 156, 1777, 2465, 3228, 3394, 3678, 3736, 3797.
Sarthe (vallée de la) : 833.
Sassenage près de Grenoble : 422, 1863, 2650, 2761.
Satory près de Paris : 2447, 2448, 2982, 3350, 3440, 3555, 3602.
Saulcy (le) près de Metz : 2879.
Saulieu (Côte-d'Or) : 545, 1307, 1311, 1586, 1701, 1717, 1844, 1848, 1856, 2047, 3776, 3795, 3802, 3808, 3829, 3831, 3859, 3892, 3930.
Saulon (Côte-d'Or) : 1864, 3760, 3772, 3831, 3839.
Saulon-la-Rue (Côte-d'Or) : 1974.
Saumède (Pyrénées) : 2814.
Saumède-Latechède à Melles (Pyrénées) : 2828.
Saumur ; 228, 313, 573, 766, 1168, 1297, 1770, 2905, 2943, 2980, 3079, 3496, 3541, 3584, 3889, 3919, 3929, 3937, 3989, 4040, 4098.
Sauret près de Montpellier : 2046.
Sauve (Cévennes) : 2030.
Savenières (Maine-et-Loire) : 1482.
Saveteux près le Châtelet (Seine-et-Marne) : 1362.
Savillac (Lot) : 851.
Savigny près de Beaune : 129.
Savigny (Seine-et-Oise) : 2423, 2425, 2436, 3280, 3400.
Savoie : 3947.
Savoie (Alpes de) : 268*, 461, 2550, 3324, 4053, 4091.
Savoie (Alpes de) près le Mont-Blanc : 4137.
Sceaux (Loiret) : 210.
Sceaux (Seine) : 210, 430, 480, 761, 1086, 1313, 3316, 3615, 3669, 3808.
Sceaux (Seine-et-Marne) : 210.
Schlestadt : 1508, 2757, 2943, 3775, 3930, 4077.
Séchenat (le) près de Bussang (Vosges) : 2415.
Séculéjo (bond de) (Pyrénées) : 2204, 2724, 3335.
Séculéjo (lac de) (Pyrénées) : 1446, 3471.
Sedelle-de-la-Manère (Pyrénées) : 649, 826, 1133.
Séez (Orne) : 46, 69, 2062, 2209, 2558.
Segonzac (Dordogne) : 4048.
Ségré : 3892.
Ségry (Indre) : 3802.
Séguret près d'Embrun : 1669, 3410.
Séguret (lac de) sur Embrun : 130?
Seiches (landes de) (Maine-et-Loire) : 3775.
Seichier (Dauphiné) : 2707.
Seillac (Alpes du Dauphiné) : 1874.
Seillans (Provence) : 1676.
Seille (rives de la) (Lorraine) : 1974.
Seine (cours de la) : 3242, 3312.
Seine (de Bayonne à l'embouchure de la) : 3795, 3797.
Seine (rives de la) jusqu'au Havre : 3311.
Seine (rives de la) dans les environs de Paris : 51, 184, 223, 304, 1358, 1958, 2124, 2366, 2507, 2567, 2790, 3107, 3141.
Seine (vallée de la) jusqu'à Rouen : 4020.
Seine (mont) près de Gap : 3431.
Seine-Inférieure : 2013, 2396, 2746.
Seisens (montagnes de) : 3575.
Selle (bois de la) près de Paris : 1777, 2032, 2766, 4239.
Selleneuve près Montpellier : 3069.
Sem (Pyrénées) : (prairies 2219) 2237, 2264.

SEMUR : 275, 1105, 1106, 1668, 3445, 3930.
SÉNART (forêt de) près de Paris : 103, 525, 545, 641, 642, 660, 691, 731, 742, 811, 920, 925, 942, 1168, 1278, 1323, 1477, 1742, 1873, 1999, 2238, 2384, 2397, 2434, 2463, 2465, 2503, 2507, 2541, 2542, 2543, 2635, 2780, 2917, 2996, 3227, 3269, 3316, 3382, 3383, 3423, 3503, 3628, 3649, 3667, 3678, 3706, 3775, 3800, 3801, 3802, 3828, 3864, 3882, 4223, 4225, 4234, 4278.
SENÉ près de Vannes : 1634.
SENLIS : 28, 69, 156, 160, 289, 525, 554, 803, 1044, 1095, 1168, 1279, 1313, 1358, 1362, 1461, 1580, 1588, 1742, 1769, 1770, 1784, 2018, 2127, 2384, 2423, 2436, 2453, 2454, 2756, 2765, 2838, 2905, 2923, 2986, 3494, 3545, 3607, 3617, 3618, 3642, 3645, 3649, 3954, 4105, 4152, 4222, 4254.
SENTENAC (prairies de) (Pyrénées) : 2219.
SEPT-FORGES (Orne) : 641.
SEPT-HOMMES (Pyrénées) : 2477.
SEPT-LAUS (Alpes du Dauphiné) : 348, 743, 1164, 1262, 1436, 1459, 1527, 1531, 1997, 1998, 2480, 2554, 2821, 3816, 3838, 4041.
SEPT-LAUS (toute la chaîne des Alpes de Grenoble au) : 1165.
SÉRANE (la) (Cévennes) : (pied du pic Saint-Loup 132) 2216, 2870, 3026, 3030, 3233.
SÉRANS près Magny (Seine-et-Oise) : 45, 1965, 1999, 2170, 2176, 2423, 2500, 3577, 3847.
SERÈNE (Grande-) (Basses-Alpes) : 780.
SERISAIE (étang du) près Rambouillet : 1202, 2370, 2426, 3593, 3776, 3797, 3834.
SERRA (mont de) près de Bastia : 1589.
SERRA-DE-BOLQUERA près de Mont-Louis (Pyrénées-Orientales) : 3031.
SERRANE (mont) (Languedoc) : 2199.
SERRE (col de) (Hautes-Alpes du Dauphiné) : 2185.
SERRE (forêt de la) près de Dôle (Jura) : 3203, 3831, 4227, 4255.
SERRE-DE-BOUQUET près de Nîmes : 1872, 2201.
SERRES (Aude) : 1983.
SERRES (Hautes-Alpes) : 507, 1012, 1134, 1702, 1882, 2112, 2132, 2906.
SERRES (moulin de) à Barèges (Pyrénées) : 1753.
SERRIÈRES (Ain) : 322, 1491, 2189.
SERRIÈRES (vallées de) : 2307.
SERRIÈRES (Anjou) : 937.
SEU-D'URGEL (la) (Pyrénées-Orientales) : 1975.
SEURRE (Côte-d'Or) : 642, 1606, 2943.
SÉUSE près de Gap : 703.
SÉUSE (mont) près de Gap : 5, 75, 576, 697, 816, 817, 1425, 1567, 1823, 1890, 2000, 2075, 2094, 2098, 2102, 2105, 2112, 2136, 2279, 2294, 2304, 2305, 2347, 2380, 2847, 2928, 3026, 3030, 3878, 3973, 4035, 4037.
SÉUSE (sous le mont) : 2205.
SÉVERAC (Loire-Inférieure) : 3776.
SÈVRES (Seine-et-Oise) : 14, 157, 208, 223, 300, 320, 462, 838, 852, 860, 1031, 1323, 1965, 2127, 2506, 2936, 3142, 3232, 3839.
SEYNE (Basses-Alpes) : 112, 147, 498. 1947, 3973.
SEYNE (Hautes-Alpes) : 836, 1006, 2082, 3021, 3849.
SEYNE (entre Digne et) (Hautes-Alpes) : 584.
SEYNE (entre) et le Vernet (Pyrénées) : 536.
SEYSSINS près de Grenoble : 127, 466, 2685.
SÉZANNE (Champagne) : 826, 3839.
SIEGOLSHEIM (Haut-Rhin) : 2046, 2267.
SIERCK (Lorraine) : 1932.
SIGOYER près de Gap : 1198, 1396.
SIGY (forêt de) près de Paris : 513, 1777, 2558, 3784.
SIJEAN près de Narbonne : 569, 1089, 1127, 1131, 1135, 1579, 1938, 2116, 2120, 2247, 2618, 2970, 2972, 2973, 3027, 3067.
SILLÉ près le Mans : 102.
SILLY-LA-POTERIE (Aisne) : 3809.
SIN (Pyrénées-Orient.) : 649 (vallée 2456).
SING (lac de) près de Tours : 3792.
SIOUVILLE (Manche) : 1146.
SISOY (mont de) à la passade de Bassihoué (Pyrénées) : 2446?
SISSOY (Pyrénées) : 1753, 2313.
SISTERON : 197, 335, 398, 578, 807, 997, 1012, 1066, 1344, 1448, 1645. 1696, 1741, 1755, 1788, 1790, 1810, 1835, 1941, 2000, 2070, 2072, 2073, 2080, 2100, 2112, 2121, 2189, 2192, 2341, 2870, 2895, 2897, 2906, 2922, 2923, 2983, 3252, 3402, 3406, 3420, 3467, 4000, 4023, 4118, 4157, 4170, 4221.
SISTERON (citadelle de) : 3378.
SISTERON (de Manosque à) : 807.
SIX-FOURS près de Toulon : 2706, 3550.
SMARVE (Vienne) : 3886.
SOCATZ près de Bordeaux : 1554, 2922.
SOISSONS : 102, 1195, 1474, 1510, 1580, 1599, 1784, 2677, 2803, 3155, 3203.
SOLOGNE (Loir-et-Cher) : 375, 376, 793, 1848, 3731, 3802, 3806, 3889, 4010, 4133.
SOMME (embouchure de la) : 1098.

Somme (marais maritimes de la) : 3790.
Sorèze (Tarn) : 3116, 3228, 4221.
Sos (Landes) : 3523.
Soucelles (Maine-et-Loire, canton de Briolay) : 126.
Soudron près Crépy (Oise) : 1606.
Soufflenheim (Bas-Rhin) : 3899.
Souillan (Cher) : 598.
Soulane (à la) (Pyrénées) : 1426, 2820.
Soultz (ballon de) (Vosges) : 1363, 1612, 1808, 1866, 2151, 2176, 2237, 2277, 2287, 2400, 2642, 2649 (versant oriental 2707), 2814, 3461, 3859.
Soultzmatt (Haut-Rhin) : 4100.
Soulzbach (Haut-Rhin) : 1056, 1843.
Sourdeval (Manche) : 2789, 3775.
Sourdeval-sur-Laigle (bois de) (Orne) : 2447.
Sourdun (forêt de) près Provins : 2397.
Sourribe près de Sisteron : 2144.
Souverols (lac de) (Lozère) : 1606.
Soyon (Ardèche) : 3261.
Spéciéris (vallée de) (Htes-Pyrénées) : 524.
Sprono (cap) (Corse) : 1066.
Stattmat (Alsace) : 772.
Staubé (lac de) (Pyrénées) : 4133.
Stéchades (îles) : 122.
Strasbourg : 18, 69, 95, 157, 425, 428, 429, 638, 641, 642, 643, 1180, 1191, 1195, 1210, 1364, 1606, 1614, 1668, 1774, 1827 (îles du Rhin 1833, fortifications 1834), 1864, 1974, 1984, 2038, 2040, 2045, 2046, 2058, 2068, 2209, 2272, 2285, 2544, 2553, 2563, 2755, 2756, 3141, 3330, 3474, 3535, 3629, 3674, 3675, 3715, 3737, 3772, 3776, 3787, 3792, 3797, 3800, 3802, 3822, 3823, 3829, 3919, 3928, 3947, 3970, 4209, 4276.
Strasbourg (bords du Rhin) : 2109, 3314, 3710, 3969.
Strasbourg au Polygone : 1006.
Sturzelbronn (Moselle) : 3704, 3832.
Suchet (mont) (Jura) : 13, 32, 460, 600, 1156, 1294, 1537, 1563, 1566, 1631, 1796, 1806, 1808, 2098, 2277, 2304, 2334, 2347, 2649, 3878, 3880, 3973, 4092, 4141, 4244.
Sulzmatt (Vosges) : 1932.
Surgères (Charente-Inférieure) : 647, 751, 977, 1484 (bois 1602, 1668), 1815, 1973, 2079, 2159, 2199, 2205, 3226, 3806, 4023.
Surgères (marais de) : 3639.
Suze (Alpes du Dauphiné) : 2928.
Suzon (val de) près de Dijon : 1167, 2076.
Swezzi (îles de) (Corse) : 1468.
Sylveréal (Gard) : 3766.

T

Tabe (mont de) (Pyrénées) : 1165, 1415, 1426, 2482, 2725, 3075.
Tailion (glaciers de) (Pyrén.-Orient.) : 8.
Taillant (vallon de la) (Alpes du Dauphiné) : 2473.
Taillebourg (coteaux de) (Charente-Inférieure) : 766.
Taillefer (Alpes du Dauphiné) : 127, 955, 1177, 1660, 1823, 1826, 1863, 1912, 1955, 1985, 2036, 2083, 2177, 2316, 2444, 2644, 3201, 3215, 3410, 3435, 3838, 3858, 4236.
Taillefer (bois de) : 1371, 3330.
Tain (Drôme) : 211, 556, 1137, 1941, 2680, 3023.
Talano (Corse) : 2373.
Talano (depuis) jusqu'à Quenza : 29, 2591.
Tallard (Dauphiné) : 1012, 1968.
Talmay (Côte-d'Or) : 1974.
Talmont (Vendée) : 3191, 3996.
Tanache (Hautes-Vosges) : 2287.
Tarascon (Bouches-du-Rhône) : 198, 1724, 1869, 1902, 2604, 3117, 3555, 4030.
Tarbes : 797, 1048, 1121, 1268, 2421, 2698, 3491, 3551, 4040.
Tarcenay (Doubs) : 3020.
Tarn : 1194, 2725, 3445, 3634.
Tarn (bords du) : 443, 1301 (à Moissac 1911).
Tarn (gorges du) près de Mende : 1836.
Tarn (vallée du) : 2016, 3513.
Tarn-et-Garonne : 598, 2443, 3079, 3177, 3547.
Tartas (Landes) : 1297.
Tartres (hameau des) (pays de Bray) : 102.
Tassin près de Lyon : 1615.
Tavignano (Corse) : 363 (près le lac d'Inn 2885), 3699.
Tavignano (bords du) près de Corté : 2355, 2357.
Tavignano (entre le Golo et le) : 1015.
Tavignano (rochers de la rive droite du) : 480.
Tavignano (Haut-) : 134, 521, 1845, 3237.
Tech (rives du) au-dessous de la Cassagne (Pyrénées-Orientales) : 2896.
Tende (Dauphiné) : 3435.
Tende (col de) (Alpes du Dauphiné) : 112, 1793.
Tende (de) à Nice et à Draguignan : 585.
Tendre (monts) (Jura) : 2266, 2399, 2445.
Terre-Nière (col de) (Dauphiné) : 253.
Terrible (mont) (Corse) : 1589.
T[illegible]e-de-[illegible]ch (la) près de Bordeaux : 46, 511, 830, 833, 950, 964, 990, 1009, 1123, 1190, 1832, 1852, 2370, 2374,

2427, 2440, 2504, 2536, 2637, 2659, 2680, 3053, 3068, 3088, 3523, 3551, 3592, 3688, 3691, 3731, 3790, 3791, 3796, 3843, 3889, 3890, 3952, 4009, 4048, 4058, 4196.

Teste-de-Buch (de Bayonne à la) : 2360, 3471.

Teste-de-Buch (de Dunkerque à la) : 4072.

Têt (vallée de la) (Pyrénées) : 2393.

Tête-d'Or (la) près de Lyon : 1957, 2415, 2761, 2919, 2949, 2974.

Thann (Haut-Rhin) : 2876.

Thésac (Auvergne) : 1444.

Thiaucourt (Meurthe) : 2008.

Thiers près Senlis : 1168, 2436, 2463, 2553, 2558.

Thionville : 1217, 2087.

Thoiri (Jura) : 496, 3281.

Thoré (Indre-et-Loire) : 126.

Thorenc (Var) : 2396, 2590, 3020.

Thorenc (vallée de) près de Grasse : 805.

Thouaré (Loire-Infre) : 1297, 1554, 2904.

Thouars (Deux-Sèvres) : 2132, 2905, 3023, 3437, 3541, 3919, 4008.

Thueyts près les Vans (Ardèche) : 4229.

Thury-en-Valois près Senlis : 523, 1086, 1461, 1842, 2040, 2098, 2147, 2581, 2780.

Tilly (Eure) : 2558.

Tilly (bois de) près St-Pierre-sur-Dive : 2005.

Tincry près de Château-Salins : 1495.

Tizzano (Corse) : 3794.

Toly (le) (Alsace) : 3555.

Tony (Eure) : 173, 2756.

Tonnerre (Yonne) : 1095.

Toqueville (près de) dans la presqu'île de la Manche : 1990.

Torigné (Maine-et-Loire) : 3557.

Torre-della-Lossa (Corse) : 2992.

Tortès (col de) (Pyrénées) : 2098, 2612, 2642, 2962, 3021, 3338.

Tortos (col de) (Pyrénées) : 515, 740, 806, 851, 955, 1104, 1133, 1540, 1564, 3811, 3812, 3878, 4003.

Touch (rives du) (Haute-Garonne) : 2595, 2868, 3403, 3425, 3572, 3625.

Toul : (baraques 695) 1304, 3575, 3930, 4209.

Toulon : 3, 12, 25, 33, 34, 44, 53, 67, 79, 86, 89, 91, 94, 97, 106, 109, 119, 123, 149, 162, 166, 170, 179, 197, 199, 202, 204, 222, 224, 239, 246, 247, 276, 321, 330, 340, 354, 367, 374, 381, 385, 391, 395, 396, 398, 399, 403, 408, 430, 464, 485, 495, 533, 539, 548, 556, 562, 603, 613, 619, 644, 645, 650, 671, 681, 682, 683, 686, 687, 694, 734, 736, 738, 745, 790, 795, 807, 808, 822, 827, 831, 832, 840, 841, 845, 858, 879, 880, 881, 884, 887, 889, 890, 893, 898, 900, 906, 909, 922, 931, 933, 935, 937, 948, 953, 976, 991, 992, 995, 997, 1003, 1028, 1034, 1037, 1042, 1061, 1066, 1069, 1071, 1072, 1077, 1081, 1082, 1083, 1104, 1110, 1111, 1121, 1127, 1128, 1129, 1134, 1135, 1136, 1152, 1160, 1199, 1255, 1301, 1346, 1347, 1374, 1421, 1444, 1475, 1476, 1482, 1484, 1488, 1491, 1512, 1515, 1542, 1554, 1559, 1572, 1575, 1585, 1588, 1595, 1602, 1629, 1655, 1667? 1669, 1685, 1690, 1711, 1722, 1724, 1730, 1732, 1733, 1744, 1745, 1746, 1755, 1763, 1764, 1765, 1766, 1771, 1781, 1782, 1788, 1790, 1794? 1812, 1816, 1817, 1835, 1839, 1841, 1852, 1853, 1854, 1855, 1861, 1872, 1882, 1895, 1897, 1902, 1906, 1917, 1925, 1926, 1927, 1930, 1932, 1934, 1935, 1938, 1941, 1942, 1944, 1947, 1950, 1959, 1962, 1963, 1968, 1973, 1976, 1981, 1982, 2008, 2010, 2016, 2017, 2021, 2025, 2030, 2036, 2062, 2070, 2072, 2113, 2114, 2116, 2120, 2122, 2126, 2129, 2131, 2132, 2139, 2144, 2145, 2149, 2150, 2159, 2160, 2161, 2165, 2168, 2173, 2178, 2189, 2191, 2197, 2198, 2199, 2203, 2205, 2207, 2213, 2217, 2228, 2265, 2289, 2290, 2336, 2389, 2427, 2433, 2439, 2441, 2466, 2488, 2509, 2511, 2525, 2573, 2576, 2577, 2578, 2579, 2588, 2595, 2596, 2599, 2617, 2618, 2620, 2623, 2624, 2646, 2680, 2681, 2685, 2706, 2719, 2732, 2733, 2741, 2743, 2794, 2807, 2837, 2844, 2855, 2862, 2869, 2870, 2891, 2895, 2898, 2914, 2916, 2961, 2969, 2970, 2971, 2972, 2983, 2992, 3002, 3011, 3018, 3022, 3024, 3027, 3028, 3032, 3042, 3058, 3059, 3060, 3069, 3076, 3084, 3088, 3101, 3119, 3127, 3160, 3172, 3173, 3176, 3177, 3193, 3225, 3226, 3233, 3234, 3238, 3246, 3255, 3261, 3268, 3278, 3283, 3298, 3301, 3365, 3396, 3397, 3402, 3414, 3418, 3419, 3426, 3432, 3445, 3446, 3449, 3458, 3459, 3469, 3480, 3484, 3496, 3521, 3523, 3525, 3528, 3530, 3538, 3542, 3553, 3555, 3563? 3564, 3565, 3567, 3568, 3569, 3573, 3581, 3586, 3594, 3601, 3604, 3605, 3612, 3627, 3629, 3646, 3651, 3653, 3688, 3698, 3728, 3733, 3741, 3762, 3765, 3769, 3818, 3837, 3845, 3846, 3849, 3861, 3869, 3891, 3905? 3907, 3908, 3909, 3916, 3917, 3924, 3929, 3942, 3943, 3956, 3958, 3959, 3962, 3963, 3979, 3981, 3986, 3990, 3992, 3999, 4002, 4004, 4008, 4009, 4013, 4014, 4017, 4018, 4060, 4061, 4070, 4077, 4094, 4096, 4103, 4104, 4107, 4112, 4114, 4121, 4128, 4131, 4157, 4168, 4171, 4178, 4183, 4191, 4195, 4196, 4197, 4206, 4218, 4221, 4250, 4251, 4259, 4265, 4294.

Toulon, à la Garde : 1779.

Toulon, à Sainte-Baume : 573, 2321.
Toulon (glacis de) : 3116.
Toulon (montagnes de) : 2723.
Toulon (rade de) : 3687.
Toulouse : 33, 102, 110, 119, 385, 499, 500, 658, 678, 699, 716, 809, 825, 827, 833, 834, 905, 937, 1035, 1045, 1048, 1089, 1090, 1112, 1121, 1123, 1196, 1230, 1358, 1374, 1421, 1554, 1592, 1668, 1669, 1746, 1774, 1792, 1819, 1843, 1914, 1931, 1986, 2023, 2086, 2120, 2150, 2161, 2170, 2173, 2252, 2434, 2435, 2441, 2503, 2575, 2595, 2618, 2732, 2840, 2858, 2862, 2897, 2922, 3009, 3079, 3084, 3203, 3213, 3226, 3280, 3396, 3429, 3444, 3468, 3484, 3534, 3545, 3555, 3557, 3580, 3594, 3597, 3609, 3616, 3617, 3620, 3621, 3628, 3634, 3651, 3653, 3654, 3920, 3924, 3929, 3937, 3961, 3989, 4033, 4077, 4211, 4212.
Toulouse (de Paris à) : 3211.
Toulouse (de) à Rochefort : 3206.
Toulouse (vallée de la Garonne de) à Bordeaux : 3217.
Tour (bois de la) près Falaise : 1370.
Tour-de-Mir (Pyrénées) : 1659.
Tour-du-Pin (la) : 1493.
Tour-la-Ville (Manche) : 3997.
Touraine : 1554.
Tourmalet (le) (Pyrénées) : 64, 309, 447, 498, 1097, 1437, 1451, 1712, 1739, 1824, 1870, 2078, 2185, 2375, 2377, 2554, 2814.
Tourmalet (vallées d'Eynes au) : 3076.
Tournon près d'Agen : 1973, 2079.
Tournon (Ardèche) : 922, 973, 1595, 1697, 1816, 1830, 1971, 2030, 2071, 2093, 2891, 2914.
Tournous (Alpes du Dauphiné) : 4003.
Tournous (entre le Mélezet et) : 2607, 2650.
Tours : 1099, 1770, 2109, 2370, 2467, 2687, 2905, 2921, 2980, 3545, 3697, 3797, 3802, 3913, 3919, 3937, 3989, 4098, 4101, 4156, 4276.
Toussu près Versailles : 1590, 1591.
Tracy-sur-Mer (presqu'île de la Manche) : 1469.
Tramesaigues (Hautes-Pyrénées) : 2313, 3482.
Trancade (la) près de Prades : 569.
Trancade-d'Ambouilla (la) près de Villefranche (Pyrénées-Orientales) : 287, 375, 541, 1103, 1678, 1703, 1881, 1942, 2159, 2204, 2393.
Tranche-Vendée (la) : 3904.
Trappe (la) (Orne) : 450, 451, 1547, 4287, 4291.
Traversette (la) (Alpes du Dauphiné) : 1714.
Traversette (col de la) : 299, 1835.
Traversette (mont Viso au col de la) : 1425, 1459.
Traversette (rocher de la) : 1348, 1941.
Travo (bords du) (Corse) : 184.
Trégny (Marne) : 4129.
Tremblade (la) (Charente-Inférieure) : 370, 2120.
Tréperel près de Falaise : 2448.
Tréport (Seine-Inférieure) : 178, 373, 1469, 4196.
Très-Seignous (Pyrénées) : 1717, 2315, 2343, 2406, 2555, 3335.
Tresque près de Bagnols-les-Bains (Lozère) : 3118.
Tresques (Gard) : 1544, 1931, 1968, 1983, 2269, 3121.
Treton (mont) (Corse) : 1991.
Tretore (Corse) : 2892, 2958.
Trèves (Gard) : 620.
Triaise (Vendée) : 1337.
Tribardou près Meaux : 2905.
Tribehout (Manche) : 2567.
Triel (Seine-et-Oise) : 2541, 3162, (vallée de Vaux : 3359), 3577.
Trinité (la) près Bonifacio : 1080, 1380, 1749, 1976, 2024, 3259.
Trinité (île de la) : 3514.
Trinité (mont de la) près Bonifacio : 1034, 2958.
Triquemales (pic de) (Pyrénées) : 3043.
Troarn (Calvados) : 47, 69.
Trohaut (Côte-d'Or) : 2649.
Trois-Evêchés (sur les rochers de) (Alpes du Dauphiné) : 2479.
Tromblaine près Nancy : 1222.
Tronquay (le) près de Bayeux : 2447.
Tronque-a-Suc (pic de la) (Pyrénées) : 1415.
Trouard pour **Frouard** (Meurthe) : 695, 1868.
Trou-de-Miège près Montpellier : 685.
Troumousse (Cirque de) (Pyrénées) : 3435.
Trou-Salé près Versailles : 526, 641, 642, 1195, 2464, 3035, 3133, 3384, 3667, 3792.
Trouville (Calvados) : 49, 1009, 1555, 1574, 1576, 1896, 2759.
Troyes : 39, 44, 164, 429, 826, 1668, 1864, 1879, 2488, 3634, 3809, 3828, 3930, 4101.
Trun (Orne) : 166, 2558.
Tuchan (entre Villeneuve et) (Aude) : 390.
Tucqueroy (Pyrénées) : 2478, 2479, 2482.
Tulle : 3226, 3801.
Turcarouy (Hautes-Pyrénées) : 1433, 1434.
Turkeim (Haut-Rhin) : 1815, 2856, 4100.

U

Ubaye (vallée de l') (Hautes-Alpes) : 1142 ; près de Grande-Sereine : 1738.

UFARNET (bois d') près le mont Aurouse (Hautes-Alpes) : 1538.
ULZ (Pyrénées) : 3335, 3461.
URDOS (fort d') (Basses-Pyrénées) : 4005.
URIAGE près de Grenoble : 102, 127, 2814, 4288.
URIAGE près de Grenoble (au-dessus d') : 4293.
USINA (Alpes) : 2564.
USSAT (Ariège) : 3004, 3006, 4101, 4127.
USSEY au-dessus de Magon (Alpes) : 2564.
USTOU (port d') : Pyrénées : 2474, 2476.
UZERCHE (Corrèze) : 3226.
UZÈS : 246, 331, 548, 904, 1003, 1544, 1697, 1938, 1968, 2093, 2544, 2992, 3226, 4002.

V

VABRE (la) près de Mende : 2200, 3322.
VABRE (bois de la) près de Mende : 1490, 2393.
VACHES (vallon des) (Alpes du Dauphiné) : 2815; au mont Viso : 3935.
VAGNIER (Vosges) : 3591.
VAILLANT (mont) (Lozère) : 1003, 1973, 3231.
VAL-DEL-STAGNO (Corse) : 2148.
VALABRETA (Alpes de) près de Nice : 1161.
VALBELLE (Hautes-Alpes du Dauphiné) : 2547.
VALBONNAIS (le) (Hautes-Alpes du Dauphiné) : 2556.
VALDANIELO (Corse) : 3008.
VALDONIELLO (Corse) : 489.
VALENCE : 109, 211, 548, 1089, 1179, 1697, 1700, 1745, 1816, 1855, 1964, 2097, 2891, 2971, 3034, 3989, 4017.
VALÈNE (bois de) près de Montpellier : 132.
VALÉRIEN (mont) près de Paris : 901, 1546, 2214, 2917.
VALETTE (bois de la) près de Montpellier : 1113.
VALETTE (port de la) (Pyrénées) : 2458.
VALGAUDEMAR (le) (Dauphiné) : 577, 2386, 2478, 2928, 3318, 3329.
VALGAUDEMAR (fond du) : 1459, 2446?.
VALGAUDEMAR (glaciers du) : 3353.
VALGAUDEMAR (montagne du) : 2707.
VALLON (Ardèche) : 1963.
VALLOUISE (Hautes-Alpes) : 23, 2269, 2735, 2865, 3971.
VALLOUISE (entre) et l'Argentière : 2420.
VALMARGUE près de Montpellier : 1908.
VALOGNE (vallée de la) (Vosges) : 3859.
VALOGNES (Manche) : 47, 218, 499, 561, 903, 1191, 1290, 1311, 1386, 1534, 1593, 1600, 1777, 1810, 1843, 2523, 2602, 2832, 3848, 3889, 3892, 4084, 4098.
VALS (vallée de) (Ardèche) : 829.
VALVINS près de Provins : 190, 691, 707, 747, 826, 1489 var., 1509, 2667, 2794, 3222, 3232, 3242, 3262, 3425, 3581, 3602, 3847, 4258, 4273.
VANCY près d'Arbois (Jura) : 3772, 3831.
VANDEUVRE (bois de) près de Nancy : 1495.
VANDEUVRE (côteau de) près de Nancy : 1064.
VANNES : 903, 950, 1092, 1105, 1106, 1311, 1503, 1553, 1554, 1593, 1600, 1717, (sur les murs de l'ancien jardin d'Aubry : 2289), 2465, 2602, 2711, 2789, 3051, 3052, 3054, 3468, 3525, 3545, 3557, 3594, 3659, 3714, 3796, 3890, 3892, 3904, 3913, 3929, 3952, 3996, 4024, 4074, 4098.
VANNES (de Bayonne à) : 2708.
VANNES (embouchure de la rivière de) : 3499.
VANS (les) (Ardèche) : 2071.
VAR : 613, 1347, 1690, 2178, 2353, 2525, 3009, 3396, 3401, 3406, 3407, 3418, 3420, 3445, 3480, 3481, 3496, 3497, 3513, 3627, 3707, 3710, 4235, 4244.
VAR (Alpes du) : 3194.
VAR (bords du) : 3768.
VAR (côtes du) : 3011.
VAR (forêts du) : 2509.
VAR (pont du) : 3769.
VAR (rives du) près de son embouchure : 3804.
VARADES (Loire-Inférieure) : 3437.
VARCES (Dauphiné) : 1678.
VAREILLES (bois de) (Vienne) : 1059.
VARENNES (Dordogne) : 490.
VARENNES (entre) et Couse (Dordogne) : 1593.
VARENNES (Nièvre) : 1067.
VARS près de Barcelonnette : 1008, 1946.
VARS (col de) : 75, 410, 475, 1494, 1692, 2295, 2302, 2303, 2548, 3333, 3334, 3367, 3774, 3842, 3875, 3931, 4003.
VARS (Charente) : 1933.
VASSELONNE (Alsace) : 1947.
VASSIVIER (le) (Dauphiné) : 2752.
VASSY (Calvados) : 2580.
VAUCHIGNON (cascade de) (Côte-d'Or) : 2649.
VAUCLUSE : 211, 548, 880, 1268, 1544, 1732, 1747, 1816, 1930, 1950, 1963, 2191, 2675, 3513, 3924.
VAUCLUSE (fontaine de) : 239, 241, 247, 507, 1861, 1869, 2646.
VAUCLUSE (sources de) : 1301, 1696, 1711, 3006, 4251.
VAUDONCOURT (Jura) : 1808.
VAUGIRARD (Seine) : 151.
VAULNAVEYS (Alpes du Dauphiné) : 127.
VAUVERT (Gard) : 2542.
VAUVILLE près de Cherbourg : 2756.
VAUX-D'AUBIN près de Guépré (Orne) : 1370.
VAUX-SUR-EURE : 2248.
VEBRON (Lozère) : 1537.
VELLESME (Var) : 4235.

VELLUIRE (rochers de) (Vendée) : 751, 1815.
VÉNASQUE près de Bagnères-de-Luchon (Pyrénées) : 550, 1016, 2870, 3043, 3536, 4038, 4142.
VÉNASQUE (vallée de) : 2050.
VENDÉE : 2467, 2495, 2517, 2518, 2862, 3486, 3533, 3573, 3595, 3678, 3731, 3776, 3915, 3919, 3936, 3996, 4255, 4276.
VENDÉE (littoral de l'Océan jusqu'en) : 4031.
VENDÔME : 4190.
VÉNOS-EN-OYSANS (Alpes du Dauphiné) : 3336.
VÉNOS (Alpes de) Dauphiné) : 2819.
VENOSQUE (confluent de la) (Hautes-Alpes du Dauphiné) : 936.
VENTEILLOLLE (mont) (Pyrénées) : 260.
VENTOUX (mont) (Alpes) : 13, 58, 59, 112, 145, 212, 237, 281, 326, 335, 401, 421, 437, 475, 488, 544, 548, 576, 578, 586, 808, 844, 851, 859, 955, 1397, 1435, 1537, 1585, 1636, 1678, 1711, 1715, 1759, 1804, 1847, 2015, 2070, 2075, 2080, 2102, 2120, 2144, 2151, 2189, 2394, 2436, 2448, 2477, 2482, 2487, 2870, 2893, 2912, 2923, 2932, 3042, 3076, 3235, 3362, 3472, 3814, 3879, 3984, 4003, 4035, 4038, 4043, 4053, 4060, 4085, 4088.
VENTOUX (pied du mont) : 2653, 3559, 4183.
VENTOUX (depuis le pied du mont) jusqu'à Fréjus, Marseille, Toulon, etc. : 1733.
VENTOUX (sommet du mont) : 543.
VERBERIE (Oise) : 1461, 1770.
VERCORS (le) (Alpes du Dauphiné) : 2345, 2483.
VERDUN : 42, 1000, 1056, 1250, 1411, 3200, 3674, 3801, 4101.
VÉRIGNON (bois de) (Var) : 3406.
VERNE (la) près de Toulon : 1626.
VERNE (chartreuse de la) (Var) : 2353.
VERNET (le) (Pyrénées-Orientales) : 935, 1093, 1949, (bains : 2802), 2904, 2947, 2986, 3023, 3979, 4115.
VERNET (entre Seyne et le) (Pyrénées) : 536.
VERNIER (marais) (Eure) : 69, 95, 411, 451, 1305, 1864, 2248, 2370.
VERNON (Eure) : 24, 164, 166, 190, 343, 401, 405, 462, 549*, 615, 650, 673, 691, 704*, 797, 838, 852, 928, 1011, 1150, 1191, 1264, 1392, 1546, 1548, 1551, 1642, 1662, 1735, 1815, 2209, 2273, 2381, 2384, 2453, 2543, 2566, 2684, 2794, 2865, 2895, 2952, 2986, 3074, 3495, 3639, 3642, 3649, 3750? 3932, 4101, 4210.
VÉROLA (la) (Savoie) : 2564.
VERPILLIÈRE (la) près de Lyon) : 1957.
VERRERIE à Compiègne : 128.
VERRIÈRE (la) (Loire-Inférieure) : 3776.
VERRIÈRES (bois de), environs de Paris : 1249, 1980, 2421, 3503, 3715.
VERSAILLES : 37, 42, 69, 112, 157, 160, (murs : 300), 449, 501, 526, 609, 631, 707, 730, 757, 793, 852, 1229, 1312, 1323, 1373, 1553, 1574, 1584, 1590, 1612, 1807, 1857, 1916, 1980, 2014, 2032, 2248, 2257, 2272, 2368, 2370, 2384, 2402, 2447, 2453, 2464, 2601, 2602, 2678, 2766, 2777, 2779, 2780, 2790, 2936, 2941, 2942, 2982, 2996, 3384, 3503, (parc : 3545), 3556, 3579, 3615, 3667, 3678, 3714, 3792, (bassins : 4234), 4258.
VERTUEL près Louvois, dans la Marne : 1222.
VERTUS (forêt de), en face de Chaltrait (Marne) : 2397.
VÉRUNE près de Montpellier : 1741? 2732.
VESCOVATO (Corse) : 1096.
VÉSINET (bois de), environs de Paris : 173. 1168, 1612, 2736, 2756.
VESLES (marais de la), près de Reims : 1099.
VESLE (vallée de la) : 3886, 3899.
VESLY près Perriers (Manche) : 450.
VESOUL : 3930.
VEYNES près Gap : 44, 807, 1134.
VÉZELISE (Meurthe) : 695.
VEZIN (Ile-et-Vilaine) : 1554.
VEZZABONE (Corse) : 2728.
VEZZARONA (Corse) : 1494.
VIALAS (Lozère) : 829, 2071.
VIC (Meurthe) : 49, 612, 688, 1831, 3122, 3660, 4073.
VIC près de Montpellier : 4112.
VIC-DESSOS (Ariège) : 3471.
VIC-DESSOS (vallée de) : 2393.
VICHY (bords de l'Allier) : 2109.
VICO (Corse) : 927, 1129, 1518, 1662, 1802, 1838, 2490, 2514, 2905, 2935, 2999, 3101, 3266, 4098.
VICO (couvent de) : 2353, 2873.
VICO (de) à Corté : 134, 217, 3237.
VICO (entre) et Evisa : 808.
VICO (rochers près de) : 3549.
VIDOURLE (graviers du) entre Sauve et Quissac (Gard) : 2750.
VIEILLE (Pyrénées, vallée d'Aran) : 1894.
VIEILLE (port de) (Pyrénées) : 22, 1659, 1665, 1666, 2185, 2451.
VIEILLE (rivière de) (Pyrénées) : 3461.
VIENNE : 271, 793, 1205, 1669, 2269, 3313, 3452, 3975, 4048.
VIENNE (Haute-) : 1555, 1699, 1717, 2375, 3316, 3394, 3477, 3668, 3675, 3889, 4060.
VIENNE (la) : 405, 1668, 2488, 2489.
VIENNE (rives de la) : 1297, 2595, 3242.
VIENNE (vallée de la) : 833, 3311.
VIENNE (Isère) : 1698, 1891, 1932, 2015, 2120, 2122, 2132, 2618, 3217, 3230, 3398, 4115.
VIENNE (de) à Lyon (bords du Rhône) : 1033.

Vienne (remonte le Rhône jusqu'à), en Dauphiné : **1745.**
Vienne (remonte vers le Nord jusqu'à Grenoble et), en Dauphiné : **782.**
Vienne près de Lyon : 2025.
Viervile près Bayeux : **903, 1972.**
Vierzon (Cher) : **1087, 1554, 1593, 1603, 2079, 2764, 4010.**
Vierzon (Creuse) 3776.
Vieux (col) (Alpes du Dauphiné) : **1028, 3336.**
Vieux (col) au-dessus de Molines (Dauphiné) : **2165.**
Vif (bois de) près de Grenoble : **1967.**
Vigan (le) : **384, 571, 577, 591, 597, 1939, 2071, 2109, 2385, 2602, 2637, 2797, 2875, 3023, 3039, 3203, 3233, 3241, 3261, 3469, 3488, 3507, 3581, 3615, 3628, 3632, 4096, 4115, 4235, 4237, 4265.**
Vigan (autour du) : **3186.**
Vigan (chaînes du) : **1828.**
Vigan (entre) et Ganges : **809.**
Vigan (montagnes du) : **1219, 1511, 1856, 3510, 3758, 4085, 4144.**
Vignemale (Pyrénées) : **334,** (pic : 498), **1404.**
Vignemale (pied du) : **8, 3482.**
Vignes (région des) : **2795.**
Vignes (régions alpines et subalpines, d'où elle descend dans la région des) : **4252.**
Vignola (Corse) : 2065.
Vilaine (embouchure de la) : **937.**
Villard-Reymond-en-Oysans (Dauphiné) : 1635.
Villars-d'Arène (Alpes du Dauphiné) : 5, 9, 283, 475, 577, 844, 956, 1007, 1142, 1162, 1262, 1293, 1302, 1537, 1565, 1789, 1805, 1892, 1997, 2052, 2054, 2076, 2082, 2141, 2184, 2201, 2306, 2319, 2444, 2628, 3412, 3727, 3774, 3814, 3816, 3840, 3875, 3876, 3877, 3973, 4049, 4053, 4137, 4236.
Villars-d'Arène aux glaciers du Bec : 1459.
Villars-d'Arène (entre) et le Lautaret vis-à-vis Arcine (Dauphiné) : 2300.
Villars-d'Arène (bois du) sous les glaciers du Bec, **112.**
Villars-de-Lans (Alpes du Dauphiné) : **112,** 1307, **1780,** 2297, **3813, 3874.**
Villars-Saint-Georges (pied du Jura) : **3297.**
Ville (entre) et Nonza (Corse) : **285.**
Ville-d'Avray (Seine-et-Oise) : **42, 360,** 730, 942, **968,** 1365, **1373,** 2435, **2503,** 2506, 2507, **2566,** 2707, **2754,** 2790, **3713.**
Ville-Vallouise (Dauphiné) : **3108.**
Ville-Vallouise (entre) et **l'Echauda** (Dauphiné) : **1693, 2112.**
Villebois près de Lyon : **247.**
Villefort (Lozère) : **738, 829, 1622, 2071.**
Villefort (route de) à Saint-Ambroix (Gard) : **1427.**
Villefranche près de Lyon : **1479, 2159, 3898.**
Villefranche (Pyrénées-Orientales) : **38, 156, 159, 322, 396, 1568, 1579, 1585, 1595, 1669, 1678, 1817, 1881, 1909, 1949, 1981, 2036, 2093, 2150, 2161, 2204, 2393, 2497, 2663, 2802 2870, 3006, 3034, 3193, 3212, 3217, 3413, 3502, 3513, 3551, 3559, 3960, 4002, 4004, 4115.**
Villefranche-sous-Mont-Louis : **2239.**
Villemagne (Aube) : **2623.**
Villeneuve (Aude) : **877.**
Villeneuve (entre) et Tuchan (Aude) : **390.**
Villeneuve près d'Avignon : **548, 690,** 2914.
Villeneuve (Dauphiné) : **224.**
Villepreux (Seine-et-Oise) : **160, 501.**
Villers-Bocage (Calvados) : **2448, 2658.**
Villers-Cauterets (Aisne) : **36, 126, 271, 503,** 747, **803, 949, 968, 1264, 1300, 1301, 1461, 1735, 2170, 2384, 2447, 2500, 2668, 2697, 2790, 2905, 3155, 3589, 3800, 3829, 3848, 3866, 3871, 3886, 3919, 4152, 4228, 4238, 4260.**
Villers-lès-Nancy : **3709.**
Villers-sur-Mer (Calvados) : **2558.**
Villette-d'Anthon (Isère) : **3766.**
Vimoutiers (Orne) : **126, 1145, 1146, 2370,** 2433, **2558, 3642, 3701.**
Vincennes (Seine) : **1, 80, 126, 151, 194,** 196, 362, 364, 398, 440, 470, 549*, 766, 838, 999, 1094, 1525, 1539, 1588, 1590, 1842, 1914, 1980, 2124, 2453, 2667, 2832, 2837, 2863, 2926, 2936, 2942, 2943, 2952, 2979, 3114, 3222, 3440, 3532, 3580, 3617, 3645, 3822, 3864, 3882, 3989, 4095.
Viols-le-Fort (Lozère) : 3039.
Vire : **46, 90, 102, 158, 161, 173, 218, 357, 411, 451, 559, 632, 735, 1191, 1297, 1305, 1311, 1553, 1586, 1714, 1717, 2355? 2370, 2421, 2682, 2766, 2789, 2840, 2875, 3320, 3394, 3478, 3545, 3801, 3828, 3829, 3889, 3892, 4024, 4030, 4048, 4077, 4098, 4286.**
Vire (de Bayonne à) : **735.**
Viroflay (environs de Paris) : **1300, 1574.**
Viso (mont) (Alpes du Dauphiné) : **22, 23, 32, 58, 112, 121, 183, 187, 212, 233, 244, 259, 283, 294, 299, 320, 348, 435, 437, 488, 494, 498, 517, 544, 576, 627, 697, 1018, 1021, 1024, 1025, 1026, 1130, 1133, 1164, 1165, 1181, 1187, 1262, 1348, 1357, 1428, 1437, 1527, 1537, 1623, 1632, 1707, 1714, 1805, 1806, 1822, 1823, 1824, 1825, 1826, 1846, 1863, 1874, 1883, 1884, 1887,**

1910, 1941, 1953, 1955, 1998, 2095, 2098, 2101, 2105, 2141, 2177, 2183, 2187, 2194, 2266, 2302, 2303, 2305, 2320, 2377, 2380, 2383, 2386, 2394, 2398, 2485, 2548, 2561, 2644, 2768, 2819, 2822, 2824, 2962, 2965, 3029, 3043, 3113, 3201, 3215, 3318, 3329, 3333, 3334, 3335, 3336, 3338, 3339, 3340, 3353, 3367, 3372, 3391, 3405, 3406, 3412, 3435, 3721, 3726, 3727, 3774, 3807, 3816, 3838, 3840, 3850, 3856, 3857, 3858, 3875, 3877, 3931, 3972, 3984, 4035, 4038, 4043, 4049, 4053, 4081, 4137, 4142, 4148.
Viso (mont) à la Traversette : 2478, 2479, 2480, 3725.
Viso (mont) au col de la Traversette : 1425, 1459.
Viso (mont) au col de Valente : 1458.
Viso (du mont) au vallon des Vaches : 3725, 3935.
Viso (Alpes du mont) : 2473.
Viso (chaînes qui, du mont) se dirigent vers Briançon, Guillestre, etc. : 2823.
Viso (de Grenoble au mont) : 2412.
Viso (montagnes des environs du mont) : 2346.
Viso (pied du mont) : 1019, 1020, 2326.
Viso (sous le mont) : 2184, 2815.
Viso (vallée du mont) : 2590, 3180.
Viso (vallée du mont) au-dessus du Châlet-de-Ruines : 1456.
Vitroles (Bouches-du-Rhône) : 816.
Vitry près Sceaux : 3436, 3488.
Vitry-le-Français : 1974.
Vivarais près de Lyon : 827, 1107, 2338.
Viviers (Languedoc) : 548.
Vizille près Grenoble : 271, 275, montée : 3034).
Voreppe (Dauphiné) : 2319.
Vosges : 31, 36, 61, 80, 99, 100, 125, 126, 128, 137, 237, 251, 252, 269, 272, 305, 346, 411, 434, 449, 450, 451, 545, 554, 604, 659, 695, 696, 701, 730, 753, 779, 1151, 1152, 1154, 1159, 1165, 1240, 1259, 1269, 1280, 1284, 1288, 1295, 1308, 1370, 1379, 1421, 1445, 1511, 1530, 1563, 1606, 1612, 1620, 1646, 1668, 1677, 1757, 1784, 1798, 1803, 1848, 1866, 2134 *, (sur les grès : 2185), 2249, 2267, 2277, 2280, 2282, 2285, 2289, 2343, 2346, 2412, 2423, 2424, 2426, 2430, 2448, 2450, 2454, 2470, 2484, 2500, 2507, 2546, 2560, 2649, 2792, 2795, 2812, 2840, 2875, 3150, 3200, 3202, 3205, 3210, 3328, 3360, 3369, 3370, 3376, 3409, 3440, 3461, 3495, 3506, 3507, 3546, 3579, 3580, 3586, 3587, 3593, 3637, 3661, 3704, 3714, 3737, 3753, 3775, 3813, 3859, 3899, 4135, 4227, 4232, 4254, 4280, 4286.
Vosges (Basses-) : 3281.
Vosges (chaîne des) : 1214, 1307, 1617, (sur le grès et le granit : 1717), 1932, 2098, 2151, 2714, 2793, 3809, 3928, 3975, 4091, 4146, 4290, 4291.
Vosges, depuis Sarrebourg jusqu'à Giromagny : 1666.
Vosges granitiques : 1206, 1808.
Vosges (Hautes-) : 26, 32, 155, 497, 1055, 1183, 1242, 1294, 1296, 1378, 1413, 1499, 1658, 1706, 1796, 1995, 2066, 2147, 2194, 2237, 2287, 2375, 2400, 2425, 2451, 2642, 2805, 2814, 3146, 3215, 3393, 3504, 3623, 3640, 3641, 3722, 3752, 3875, 3973, 4233, 4237, 4255, 4264, 4288, 4289.
Vosges (lacs des) : 1311.
Vosges (région subalpine des) : 1412.
Vosges (revers alsacien des) : 1297.
Vosges (vallées des) : 2047, 3776.
Vosges (versant oriental des) : 256, 1167, 1194, 1843, (près de Ribeauvillé : 3578), 3632.
Vouillé (Vienne) : 1059.
Voulaine (Côte-d'Or) : 333, 1960, 3770.
Vouvant (forêt de) (Vendée) : 102, 3541.
Vrigny (étang de) près d'Argentan : 1329.

W

Weitersweiler (Bas-Rhin) : 2812.
Wesserling (Haut-Rhin) : 3555.
Westhalten près de Rouffach (Haut-Rhin) : 1815, 1881, 4101.
Wettolsheim (Haut-Rhin) : 1960.
Winsenheim (Alsace) : 1960, 1969.
Wissembourg (Bas-Rhin) : 2397, 2463, 2832, 3822, 3848, 3899, 4223, 4268.
Woippy (bois de) près de Metz : 1211, 3776.

Y

Yerres (environs de Paris) : 1313, 1603, 2917, 3655, 3966.
Yeu (île d') (Vendée) : 3055, 3913.
Yonne : 2257, 2370, 2575, 2779, 3210, 3583.
Yons (lac de) (Basses-Pyrénées) : 3044.
Yvetot : 1603, 1842, 2639, 3801.

Z

Zicavo (Corse) : 2373.
Zinswiller (Bas-Rhin) : 3704.
Zinzel (vallée de la) (Alsace) : 2058.
Zzavone (forêt de) (Corse) : 2148.

ERRATA ET ADDENDA.

TOME 1.

N° 130, habitation, *ajoutez :* hauts bois.
131, — — montagnes.
133, *au lieu de :* ♃, *lisez :* ♄.
170, habitation, *ajoutez :* et de l'Océan.
238, *au lieu de :* Saxalilis, *lisez :* Saxatilis.
271, — Conches, — Couches (Seine-et-Marne).
Page 32, *au lieu de :* 219, *lisez :* 319, aux numéros des Espèces.
N° 321, fleuraison, *ajoutez :* mai, juin.
339, *au lieu de :* Montargin, *lisez :* Montargis.
340, — Althionema, — Æthionema.
411, — Rouen; — Rouen :
466, — Seyssius, — Seyssins.
488, — Oisans, — l'Oisans.
519, — Agrostema, — Agrostemma.
598, — Libos; — Libos?
731, — tetraspermum, *lisez :* tetrapterum.
757, — tanyere, — tangere.
795, — Calicome, — Calicotome.
936, — thymifolium, — thymiflorum.
1121, — Grénans, — Glénans.
1136, — Fresque, — Tresque.
1199, — Corte, — Corté.
1253, 1254, 1255, *au lieu de :* ♄, *lisez :* ♃.
1364, après Strasbourg, *lisez :* ; Nancy; Montbrison; Arbois (Jura); Bresse; Indre-et-Loire; Fondpédrouse (Pyr.-Or.), etc.
1432, *au lieu de :* Clos-du-Tors, *lisez :* Clos-du-Toro.
1468, — Chrysosplenium, — Daucus.
1487, — Eleoselinum, — Elæoselinum.
1590, — Algopodium, — Ægopodium.
1595, après Saxifragum DC., *lisez :* Fl. Fr.
1665, *au lieu de :* Venum, — Vernum.
1683, — Niolo., — Niolo?
1803, — —cacalia, — Cacalia petasites.
1862, — Mezine, — Mezinc.
1876 et 2493, *au lieu de :* Itsatson, *lisez :* Itsatsou.
1878, *au lieu de :* Capsier, *lisez :* Capsir.
2043, — oleraces, — oleraceo.
2062, — Sées, — Séez.
2173, — hypochœris, *lisez :* hypochæris.
2453, habitation, *lisez :* parasite sur la racine des arbres.
2457, *au lieu de :* Cintro, *lisez :* Cinto.
2462, — Jacquil, — Jacques.
2502, après Perpignan, *lisez :* ; Biaritz.

2521, *au lieu de :* fructicans, *lisez :* fruticans.
2541, reporter au N° 2542 les mots : bords de l'Erdre, près Nantes.
2612, *au lieu de :* Tartès, *lisez :* Tortès.
2670, — hyosciamus, *lisez :* hyoscyamus.
2696, — Vedas, — Védas.
2875, habitation, *lisez :* haies, routes, bords des ruisseaux.
3069, *au lieu de :* ♃, *lisez :* ⊙.
3131, — Rumex digyna, *lisez :* Rumex digynus.
3142, — Moutzig, — Mutzig.
3281, — officinales, — officinalis.
3394, — ossifraga, — ossifragum.
— — abama ossifragum, *lisez :* abama ossifraga DC.
3413, — Barége, — Baréges.
3505, *après* vulgare, *lisez :* Convallaria polygonatum. L.
3551, *au lieu de :* Draguignan, *lisez :* Gradignan.
3684, — Athenia, — Althenia.
3766, habitation, *ajoutez :* Littoral de l'Océan.
3772, *au lieu de :* Brown, *lisez :* L.
3911, *après* Avena odorata, *ajoutez :* β
3916, *au lieu de :* Balarue, *lisez :* Balaruc.
3996, — Bourganeuf, *lisez :* Bourgneuf.
4003, — DC. — L.
4022, — Deschampia, — Deschampsia.
4064, — Fluit. DC., — Fluit. L.
4165, — Brom.—DC. — Brom. hordeaceus L.
4205, — maricoides, — pinnatum.
4242, — collipteris, — callipteris.

TOME 2.

Page 14, *au lieu de :* Bogonians, *lisez :* Bogoniano.

Dieppe. — Emile Delevoye, imprimeur.

DIEPPE. — IMPRIMERIE D'ÉMILE DELEVOYE.